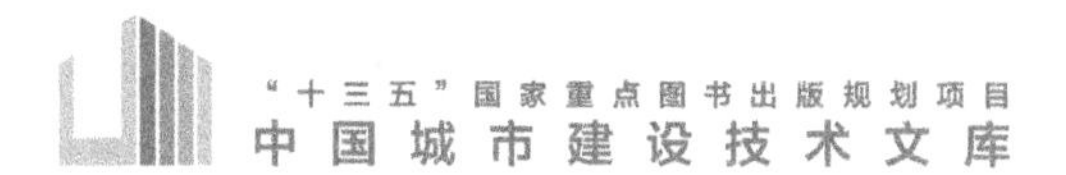

Spatial Planning Method of Coastal Area under the Coupling of Multi-resource Environment Constraint

多资源环境约束耦合下的滨海空间形态设计方法

张赫　杨春　姜薇　王睿　著

華中科技大學出版社
http://www.hustp.com
中国·武汉

图书在版编目（CIP）数据

多资源环境约束耦合下的滨海空间形态设计方法 / 张赫等著. —武汉：华中科技大学出版社，2020.11

（中国城市建设技术文库）

ISBN 978-7-5680-6695-2

Ⅰ. ①多… Ⅱ. ①张… Ⅲ. ①区域生态环境－环境承载力－影响－填海造地－城市空间－空间规划－研究－中国 Ⅳ. ①TU984.11

中国版本图书馆CIP数据核字（2020）第191934号

多资源环境约束耦合下的滨海空间形态设计方法 张赫 杨春 姜薇 王睿 著

Duo Ziyuan Huanjing Yueshu Ouhe xia de Binhai Kongjian Xingtai Sheji Fangfa

出版发行：华中科技大学出版社（中国・武汉） 电话：(027) 81321913
地　　址：武汉市东湖新技术开发区华工科技园 邮编：430223

策划编辑：张淑梅 封面设计：王　娜
责任编辑：赵　萌 责任监印：徐　露

印　　刷：广东虎彩云印刷有限公司
开　　本：710 mm × 1000 mm 1/16
印　　张：11
字　　数：194千字
版　　次：2020年11月第1版 第1次印刷
定　　价：58.00元

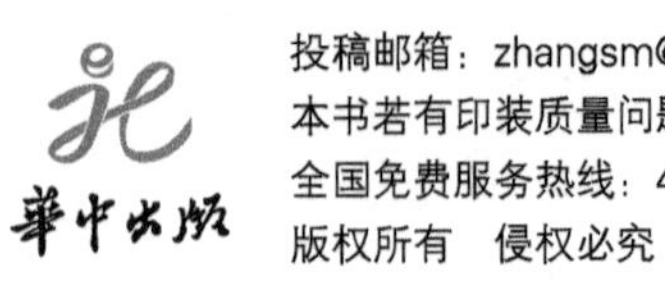

投稿邮箱：zhangsm@hustp.com
本书若有印装质量问题，请向出版社营销中心调换
全国免费服务热线：400-6679-118 竭诚为您服务

序　言

滨海空间在我国人居环境体系中具有特殊的重要地位，其包含填海造地区域和直接滨海岸线区域两个部分，是海洋与陆地相互作用、具有海陆过渡特点的独立环境区域。滨海空间具有广阔的发展前景，在我国长 1.8 万多千米的大陆海岸线内，沿海地区以约 14% 的土地面积，完成 GDP 的约 60%。在海洋强国、海上丝绸之路建设的国家战略背景之下，滨海空间将会有更进一步的发展。然而，滨海空间也是人与资源环境矛盾极为突出的区域之一，其面海开放但深受海洋环境影响，资源丰富但生态条件脆弱，人口密集但海陆灾害易生，地域独特但景观风貌体现不足。如何在资源环境约束的条件下，实现滨海空间的开发与发展具有重要的意义。另外，我国滨海空间规划尚未形成合理、健全的体系，而随着中央部门机构改革、国土空间规划体系的建立，相关技术方法体系亟须构建，空间形态设计正是其中的重要一环。

本书立足于上述背景，结合笔者从事滨海空间规划的经历与体会，旨在确立多资源环境约束耦合下的滨海空间形态设计方法。主要从海洋生态、综合防灾、产业景观等不同角度，探讨滨海空间的特征，明确各资源环境约束下的设计准则，进而综合多种资源环境约束条件，提出具有针对性、适用性的滨海空间平面组织、竖向设计、空间规划的空间形态设计方法，以顺应滨海空间的发展前景，并应对我国调整后的新的城乡规划编制诉求。

本书分为七章，主要包含三个部分。第一部分为总述，包含第 1 章、第 2 章、第 3 章三个章节。第 1 章绪论，主要对滨海空间进行了概念定义，概述了滨海空间的发展形势及资源环境约束下的发展瓶颈，回顾了滨海空间相关规划研究，进而明确了资源环境约束下的滨海空间规划发展方向和规划要求；第 2 章国内外滨海空间规划的实践案例及问题总结，从滨海空间的使用方式演变、空间分布演变、区域功能演变、发展阶段划分四个方面，对国内外滨海空间规划案例进行系统分析，从而总结相关规律，并获得相应的发展启示以指导滨海空间规划研究；第 3 章多资源环境约束条件与滨海空间形态设计，详述了海洋生态、综合防灾、产业更新与生态景观塑造几大滨海空间资源环境约束条件，分析了滨海空间规划的特殊性并确定了滨海空间规划的基本原则，总结了滨海空间形态设计在滨海空间规划中的位置及工作框架，进而提出了滨海空间形态设计的方法创新，并确定了多资源环境约束下的滨海空间形态设计重点内容。第二部分详述各种资源环境约束对滨海空间形态设计的影响，包含第 4 章、第 5 章、第 6 章三个章节。第 4 章海洋生态约束下的滨海空间形态设计，基于 EFDC 模型，对海洋水动力环境进行模拟研究，从而提出海洋生态约束下的滨海空间形态设计要点；第 5 章综合防灾约束下的滨海空间形态设计，针对风暴潮为代表的海洋灾害，提出相应的空间形态设计优化方法，并就设计要点进行总结；第 6 章产业更新与生态景观塑造下的滨海空间形态设计，总结产业功能及生态景观对滨海空间的影响，分析产业更新与生态景观的发展趋势，进而提出相应的设计优化方法及设计要点。第三部分为总结，即第 7 章（滨海空间形态设计方法总结）。第 7 章首先从海洋生态、综合防灾、产业景观三个方面，总结单一资源环境约束下的滨海空间形态设计方法，接着综合各项约束条件，总结多资源环境约束下的滨海空间平面组织、竖向设计、空间规划的具体方法。

本书的出版基于国家自然科学基金面上项目“基于综合防灾约束的填海造地空间规划理论与方法研究”、国家自然科学基金青年项目“基于海洋生态约束的填海空间设计定量化研究”、中国海洋发展研究会科研项目“海岸线退缩线划定方法和制度研究”、住房和城乡建设部科学技术计划项目“基于数字化技术的填海造地公共安全体系构建”、天津市科技发展战略研究计划“京津冀协同下填海造地区域产业更新与特色发展模式研究”的支撑。本书在编写过程中得到了来自天津大学建筑学院城乡规划系的陈天老师的全力支持。本书部分内容涵盖了天津大学建筑学院城乡规划系毕业生杨春、姜薇、徐超、李贝利的研究成果。此外，天津大学硕士研究生董雪玲、叶昊儒、彭竞仪、乔红、储佳慧也参与了书中部分章节的写作工作，付出了大量的时间与精力。在此，向所有为本书的出版付出了努力的同学们表示由衷的感谢。

希望本书能够为规划管理者、决策者、设计者提供可作参考的经验方法，为我国天津滨海新区、山东蓝色经济带、广西北部湾经济区、辽宁沿海经济带、福建海西经济区及浙江温台沿海产业带等重点滨海经济区的可持续发展和建设提供空间形态设计方法指引。但鉴于国土空间规划体系的搭建尚在探索之中，滨海空间规划在制度层面何去何从暂无定论，本书的理论体系构建中可能存在一定的问题。加之笔者理论及思想认识的局限，写作过程中难免有所疏漏，希望各界人士批评指正。

目　录

第1章 绪 论

1.1 引言

据不完全统计，2012年“全球60%的人口居住在沿海地区。在距离海岸线50 km的范围内，居住着世界上2/3的人口，分布着60%以上的大城市”[1]。仅直接涉海经济产值就约占全球GDP的20%。因此，当作为“海洋世纪”的21世纪来临之时，沿海地区日益成为各国经济社会发展的核心区域，其空间规划和建设发展也成为当下学术研究与实践创新的热点领域。在我国，随着“一带一路”倡议的实施和海洋强国意识的建立，以海岸带为代表的沿海空间，更是成为时下落实国家发展战略，坚持经济社会转型升级和生态保护并重的关键区域与龙头前沿阵地。而其中，由填海造地区域、天然滨海岸线区域等组成的直接滨海空间部分，则是沿海地区整体建设发展最重要的衔接区域和纽带位置，其空间规划设计方法与管控措施，必将成为今后一段时期内海岸带国土空间规划的最重要抓手和技术保障。

然而，这一直接滨海空间因其特殊的区位，不仅涵盖了陆上国土，还涉及潮间带、海洋国土等多种国土空间形式，更受限于复杂的海陆环境共同影响。面对这些独特而又丰富的自然条件，我国祖先早在公元前306—前220年就在渤海、黄海之滨的碣石（秦皇岛附近）、转附（烟台芝罘岛附近）、琅琊（青岛古镇口附近）筑港。我国古代最早的海塘建于东汉，西汉也有小规模的围海。几千年的开发，人们孜孜以求的始终是“海盐之利”与“海运之便”，这也使得我们传统上对这一区域的空间规划，多是站在“用”的视角之下。传统涉海各类空间规划（包括海洋系统、国土系统和城市规划系统等）大多是从功能使用的角度出发，为实现“可持续利用”目标而进行的保护、开发与建设。因此，其规划设计往往以工程技术、成本平衡、人口等为重要的依据，而没有充分重视这一区域复杂的自然资源条件与人类活动间的相互影响，在实践中产生了诸如生态、防灾等方面的负效应。在引起巨大社会争议的同时，还浪费了宝贵的空间资源和优势岸线。

另一方面，随着当下新的国土空间规划体系的建立及多规合一步伐的推进，基于跨学科综合技术条件，涵盖陆海多种因素的新的海岸带国土空间规划的技术方法体系亟须

---

1 张耀军，任正委．基于GIS方法的沿海城市人口变动及空间分布格局研究［J］．地域研究与开发，2012，31（4）．

构建。这其中，以空间形态设计与管控方法为代表的传统城市规划方法如何与新的技术体系结合，从而保证滨海空间在新时期的更新、建设与保护需求下的空间落实，就成为诸多技术方法体系中非常重要、不可或缺的一环。这种结合与新技术方法的总结归纳，要从空间形态设计出发，明确滨海空间与普通区域的差异，尤其是与一般滨水空间的差异，并依据这些特殊性，总结滨海空间面对的复杂资源环境约束条件，以及其适应、反映这些条件的空间形态设计方法，进而最大限度地保证新的滨海空间开发利用方式与规划方案能减少人为扰动对环境的破坏，在技术层面上保障国土空间规划的评价与实施。

由此，本章将从滨海空间的内涵与时代背景入手，总结现有研究的问题与资源环境条件对空间规划的影响，进而开启全书的逻辑进路。

1.2 滨海空间概述

滨海空间属于滨水空间的一种，相较于城市其他地理区域，有着巨大的地域优势，对解决城市空间匮乏、增加城市空间容量、提高城市环境质量有着极为积极的作用，是城市开发建设的重要研究课题。

1.2.1 滨海空间相关概念概述

在滨海空间的相关研究中，它常与海岸带、海岸线等概念有较多的包含或交叉的关系，下面阐述这些相近概念，为研究滨海空间范围提供参考。

（1）海岸带

海岸带包括潮间带、海岸和水下坡三个部分，是指陆地与海洋相互影响的区域，即海岸线向海陆两侧扩展一定距离的带状区域，是一个相对来说狭长的地带。知名学者陈述彭定义其为以海岸作为基线向着海陆两边辐射并且扩散的区域，其向陆包含了陆相与海相相互沉积而形成的范围，向海包含了人工岛屿、海外辐射沙洲以及海洋岛屿。

（2）海岸线

地理学的海岸线概念是指海水面与陆地的交界处，大部分指的是陆域与海水高潮面的交界线，并且随着潮水的不停涨落而不断地变动。知名学者张谦益认为陆域范围多以滨海道路为界线，而海域的界限则一般以从低潮线开始向外延伸 500 m 的等高距为界限。现在，海岸线大多根据它的周围情况进行人为划定，其范围和概念都没有一个规范而又一致的结论。

1.2.2 滨海空间的概念定义

滨海空间在国内外暂无明确的概念定义，其较为相近的解释为美国联邦 CZMA1972 对滨海地区的规定：滨海地区应该包括所有“对滨海地区水域造成直接和重要影响的土地及水域”，具体范围界定考虑了自然地形、地貌、滨海资源的分布和现状城市形态等因素。一般来说，以海岸线为基础，分别向陆地和海域延伸一定的距离，在中间形成的“缓冲区”即为法定滨海地区的范围。

从空间划分来说，一些学者将滨海地区划分为五个主要部分：内陆地区、滨海土地（包括湿地、沼泽地和人类聚居并直接影响邻近水域的住区）、滨海水域（如入海口、潟湖和浅海水域等）、离岸水域（国家领海范围内离岸 200 海里（约 370 km）的水域）和远海。而从类型划分而言，滨海地区既包含自然的滨海空间，又包括人工滨海空间，即填海造地区域。

而城市规划领域中的城市滨海地区是一个空间的概念，即滨海空间，指与城市空间毗邻的海域与周边相关的陆地、海际线、生物群落、建筑物、开放空间以及其他人文行为结果要素等所构成空间的总称。

综上所述，本书对滨海空间的概念可理解为：滨海空间是指陆地与海域相连接并对滨海地区水域产生直接或重要影响的一定范围内的区域。就地域范围而言，泛指整个海岸带地区，包含填海造地区域和直接滨海岸线区域两大部分，其地域范围界定没有统一标准，需考虑到现状城市形态和自然地形地貌等因素，向内陆一侧包括邻近的开放空间和以一定功能为主的空间地段，向海洋一侧包括岸滩及其开放空间、相应的配套设施，以及参与构成近海景观风貌的近海岛屿等。滨海空间的具体要素包含自然要素和人工环境要素，具体指城市空间与海域相邻且具有一定的主体功能和人文综合形态的空间地段。

1.3 滨海空间的发展形势及资源环境约束下的发展瓶颈

1.3.1 滨海空间的发展形势

从 20 世纪开始便有学者提出：21 世纪将是海洋的世纪。以海岸带为代表的滨海空间对国民经济、人口均具有重要的承载作用。随着海洋资源日渐受到各国的重视，一场蓝色革命风暴已经席卷全球，沿海城市充分应对机遇与挑战，加快了对海洋资源开发的步伐。大量、快速的滨海空间开发带来了不可忽视的经济、社会效益：为区域经济发展创造有利的区位条件；缓解了城市建设与工业生产用地的紧张情况；缓解了沿海城市人口增长及城市化带来的压力，增加了就业机会；并且改善了以港口为代表的交通基础设施。

滨海空间经济社会发展促使城市建设水平快速提升，沿海城市人口出现高度聚集的状况。就我国而言，沿海地区正以 14% 的土地面积承载着 40% 以上的人口，并实现着 60% 以上的国内生产总值，滨海空间有着重要的发展价值和发展需要。

另外，滨海空间的发展对国家未来发展战略的落实具有重要的支撑作用。我国在党的十八大和国民经济“十二五”规划中将海洋的发展上升到了国家战略的高度。习近平总书记指出：“21 世纪，人类进入了大规模开发利用海洋的时期。海洋在国家经济发展格局和对外开放中的作用更加重要，在维护国家主权、安全、发展利益中的地位更加突出，在国家生态文明建设中的角色更加显著，在国际政治、经济、军事、科技竞争中的战略地位也明显上升。”我国是一个陆海兼备的发展中大国，建设海洋强国是全面建设社会主义现代化强国的重要组成部分。当前，中国经济已发展成为高度依赖海洋的外向型经济，对海洋资源、空间的依赖程度大幅提高，在管辖海域外的海洋权益也需要不断加以维护和拓展。这些都需要通过建设海洋强国加以保障。

因此，相关海岸带地区和各沿海毗邻区域面临着前所未有的战略机遇期，像天津的滨海新区、山东的蓝色经济带、广西的北部湾经济区、辽宁的沿海经济带，以及福建的海西经济区和浙江的温台沿海产业带等都具有极佳的发展优势。这些区域的发展，均需要合理的滨海空间规划，以满足区域自身发展需要，减少环境生态影响，适应城市发展需要，调整利用海岸带地区空间资源，促进新型城镇化，引导沿海产业转型，为落实国家海洋发展战略提供技术保障。

1.3.2 资源环境约束下滨海空间发展瓶颈

我国滨海空间在近年来取得了极为迅速的发展，也势必是未来发展的重点区域。但纵观我国滨海空间过去的发展情况，大量、快速而缺乏必要约束的开发建设忽略了滨海空间作为陆海衔接的特殊区域可能面临的多种资源环境问题，使得海洋自然生态环境遭到巨大破坏，带来了持续性的恶劣影响。如今，我国“正面临着六化（沿海地区经济发展加速化、工业结构重工业化、产业布局沿海化、城市发展集群化、人口趋海密集城镇化、岸线人工化）所带来的资源、环境和生态的压力”[1]。强大的人工干预促使生活污水和工业废水的排放量增加，海洋生态受损严重，加之污染治理的力度不够，导致我国海洋生态灾害频发、生物多样性减少，严重影响了滨海空间的可持续发展。

---

1 谭映宇 . 海洋资源、生态和环境承载力研究及其在渤海湾的应用［D］. 青岛：中国海洋大学，2010.

在这样的背景下，国家、滨海省份纷纷发布相关政策法规，对滨海空间开发进行了严格管控。以填海造地工程为例，自1990年至今，国家填海管理政策导向经历了从鼓励合理利用、规范管理办法、实施暂停措施，到现在除国家重大战略项目外全面停止的转变。如图1-1所示，2013年全国填海面积为13 169.54 hm^2，2017年填海面积为5779 hm^2，比2013年降低56%。滨海空间开发由于资源环境的约束，开始受到较大的管控限制。

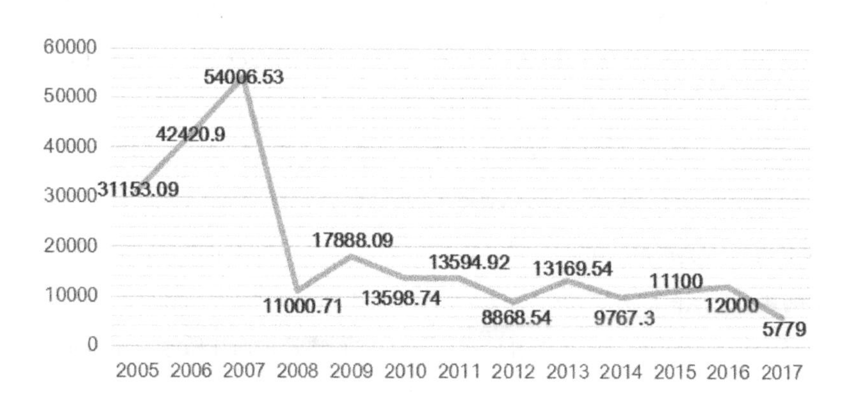

图1-1　2005—2017年我国每年填海造地总量图
资料来源：参考整理自国家海洋局《海域使用管理公报》。

由此可见，资源环境约束已成为滨海空间发展的核心瓶颈，是未来滨海空间开发面临的最主要的挑战。为满足各沿海省份的开发需求，同时降低其生态影响，需要基于资源环境约束的空间规划管控手段对滨海空间开发，对滨海工程建设和产业开发进行有效的监管和控制，以促进滨海空间可持续发展。在未来的滨海空间规划过程中，需考虑水动力等海洋生态、海洋气候及海洋灾害、近海生态格局等自然环境因素的影响，以及产业功能、滨海景观风貌等经济社会要素的影响。正视滨海空间的资源环境约束，并在开发规划时统筹协调多种自然环境及经济社会要素，对滨海空间来说具有现实及发展意义。

1.4 滨海空间相关规划的研究回顾

滨海空间的发展需要合理的规划控制引导，同时相关规划的研究回顾和总结也对滨海空间的发展具有重要意义。因此，本节对滨海空间规划的国内外研究现状及发展现状进行了回顾，并对我国滨海空间规划的问题进行系统总结，为多资源约束条件下滨海空间的发展方向提供研究资料。

1.4.1 滨海空间规划的国内外研究现状及发展动态

第二次世界大战以后，西方国家加快了城市建设用海的节奏，滨海空间因此成为经济社会发展和城市建设的重要空间载体，成为人类活动高度集中的地区之一。关于滨海空间的规划管理也随着此类地区开发利用的迅速扩张而呼之欲出。在 20 世纪 50 年代，西方国家率先开展了以海岸带为重点的滨海空间规划与管理研究。1972 年，美国首次颁布《海岸带管理法》（CZMA），成为世界上首部综合性海岸带管理法规，鼓励沿海各州制定和实施海岸带综合管理规划。此后，各沿海国家纷纷开展海岸带综合管理（Integrated Coastal Zone Management，ICZM），并配套形成滨海空间规划。

各国在开展规划时，通常根据资源禀赋和城市开发建设的实际需要，统筹考虑地形地貌、滨海资源以及城市形态等综合因素，按照一定规则进行分区分类管理。作为首先提出海岸带管理的国家，美国既按照海岸带功能进行分区，也按照海陆性质进行分区，并采用了设置功能兼容性矩阵的方式来引导和推动海岸带土地开发利用的混合性。同时，以海岸线（平均高潮线）为基准，向海域和陆地延伸一定距离形成海岸管理范围，进一步统筹海陆空间。

由于特殊的地形地貌条件，荷兰将滨海空间作为国家重要的国土空间资源加以利用，在空间管理上也更加注重陆域与海域的整体统筹，引入双线的管控手段，通过划定红线（海岸带集中开发建设引导区域）与绿线（海岸带禁止开发建设区域）并细化土地利用管控规则的办法来引导滨海空间有序开发利用。

日本从国家到地方均有多部门参与滨海空间管理，其中，海岸带空间规划主要由国土交通省负责，通过制定海岸带保全计划来促进滨海空间的保护和在安全用海前提下的适度开发利用。在空间管理上，强调沿岸自然特性、社会特性和岸线的连续统一，划分海岸保全区、一般公共海岸和其他海岸区，其中的海岸保全区，既是防护滨海灾害的重点地区，也是滨海空间重点开发建设的主要区域。

我国滨海空间管理与规划研究相对起步较晚，但经过几十年的发展探索，也形成了一系列有益的探索成果。初步统计，我国目前与滨海空间相关的规划类型包括滨海城市总体规划、海洋功能区划、区域建设用海规划、海岸带保护与利用规划、海岸带总体城市设计等十余种，其空间范围和研究重点各有不同。

自 20 世纪 80 年代开始，在国家层面依据《中华人民共和国海洋环境保护法》明确了开展海洋功能区划的要求，并相继编制审批了国家层面和省级层面的区划方案；在地方层面，山东青岛（1995 年批准、1999 年修改）、江苏省（1991 年施行）等地出台海岸带规划管理规定，进一步规范了滨海空间开发建设的相关行为。2007年《山东省海岸带规划》是全国首个以省份为单元、以海岸带空间管制为核心的大区域海岸带规划，在统筹各项政策的前提下，将全省海岸带划分为8个岸段，从景观和生态的角度进行规划引导，按照12类分区（表1-1）进行差异化的管制，并划定了38处重点区域，对全省海岸线的保护和合理利用具有重要的指导意义。

表1–1 《山东省海岸带规划》确定的12类分区

分区	内容
湿地保护区	有重要生态及环境意义的潟湖、河口、水源保护地等需进行严格保护的湿地
湿地恢复区	低潮时水深不足6 m的浅水水域
生态及自然环境保护区	对区域整体生态环境起关键性作用的生态系统或需要严格保护的有代表性的自然生态区域，以及一旦破坏就很难有效恢复的区域
生态及自然环境培育区	对维护区域生态系统的整体性和延续性，对具有一定生态价值和生态系统比较脆弱的地区，进行严格开发强度控制的区域
风景旅游地区	—
城乡协调发展区	—
预留储备地区	资源条件好，但目前利用条件尚不具备或没有明确的使用和开发需求，应预留将来开发的区域
农业生产地区	以种植业、畜牧业等农业生产活动为主的地区，主要包括耕地、园地和林地等
特殊功能区	军事区和核能利用区
卤水盐场	以卤水开发和卤水化工为主要功能的地区
盐碱地	由于海水作用的土地盐碱化地区
村镇	海岸带规划范围内相对独立的农村居民点，不包括划入城乡协调发展区的现状村庄

资料来源：参考整理自山东省人民政府的《山东省海岸带规划》，2007年9月。

2013年，辽宁省正式出台的《辽宁海岸带保护和利用规划》，成为我国首部关于海岸带保护利用的规划，强调以资源环境承载能力为基础，强化海岸带的保护与开发并重的关系。该规划明确海岸带板块和岸线功能定位，提出功能分类管制要求，控制国土开发规模和强度，确保海岸带资源的可持续利用。此后，福建等省份也相继出台了海岸带保护和利用规划，进一步强调了政策管制和空间分类相结合的保护模式。在省级规划指导下，各沿海地级市也纷纷开展滨海空间相关规划研究，因地制宜制定更加细致的海岸带规划用地分类体系，并从海岸带物理环境特征的角度进一步明确了海陆纵向的空间管控，如《威海市海岸带分区管制规划》中划定了砂质海岸建设退缩线、基岩海岸建设退缩线和重点防海岸蚀退区建设退缩线三种海岸建设退缩线，为海岸带保护提供了更加科学的空间依据。我国香港地区长期以来高度关注海岸带的保护与规划管理，在法定规划中划定海岸保护区，并相应建立了用途许可制度，凡涉及城市建设的占用，必须向城市规划委员会申请，并在一定条件之下才能获得允许。

1.4.2 我国滨海空间规划的问题总结

我国滨海空间规划研究在一定程度上借鉴了国外海岸带综合管理的核心要求，但从既有实践来看，空间研究的重点主要集中于陆域空间，旨在避免海陆开发利用过程中产生的破坏性行为和无序扩张。而在研究领域方面，主要针对滨海空间开发建设中的矛盾冲突进行统筹协调，通过政策法规制定和功能分区划定开展周期较长、相对偏重的领域。从既有研究的成效看，我国滨海空间规划研究仍然存在几方面的短板。

①滨海空间规划研究缺乏有效统合。滨海空间复合的空间属性和多要素的复杂特性形成了长久以来多头管理的局面，部门之间、学科之间、规划之间缺乏有效统合，影响滨海空间利用的综合效益。近年来，基于土地效益、空间形态、景观特色以及城市安全等角度的滨海空间规划研究日益丰富，一定程度上拓展了相关研究维度，但规划技术体系总体上仍然呈现多线推进的分散状态，缺乏部门统筹与专业协同。

②刚性约束薄弱，空间层次单一。前文提到，荷兰采用的双线管控可以有效约束滨海空间的无序扩张，从而保证开发的合理强度。我国既有规划研究通常是从滨海空间保护利用角度出发划定功能分区，以空间引导作为主要管控方式，尚未有效利用城市开发边界等刚性约束，使得此类分区容易随着城市功能布局的调整而变化，失去规划约束的有效性。同时，分区引导往往以二维空间布局为主，而滨海空间复杂的地理特性对空间管理层次和空间属性的系统综合提出了更高要求，当前的规划研究与管理并不能有效响应。

③海陆统筹力度不足。海陆统筹是一个综合性概念，在既往规划研究中，陆域部分的土地利用规划与海洋部分的海域规划缺乏有效的衔接，海陆空间彼此分离，势必不利于滨海空间生态保护和资源整合利用。同时，受以往开发利用过程中重建设、轻保护的思想影响，空间规划往往更加聚焦陆域可建设地区，在功能布局上与海域地区缺乏有效关联，在陆域规划思路和方法上与传统规划并无本质差别，以至于规划无法充分发挥滨海地区独特的区位和资源优势。

1.5 资源环境约束下的滨海空间规划发展方向和规划要求

滨海空间的发展需要与滨海空间的资源环境约束之间的矛盾协调，已逐渐成为社会、学界和政府研讨的热点问题，可持续的规划管控已成共识。例如：国民经济“十三五”规划纲要中更进一步提出，要“优化近岸海域空间布局”，并建立“可持续的海洋空间开发格局”。2017年国务院政府工作报告中也明确指出要“拓展蓝色经济空间，建设海洋强国”。“十三五”国家创新科技规划中更是明确提出了基于公共安全的海洋科技创新，要求探索“重大自然灾害监测预警与风险控制”“发展可靠高效的公共安全与社会治理技术”“发展海洋资源高效开发、利用和保护技术”等。

自然资源部的成立以及随后明确的五级三类的国土空间规划体系，是从国家顶层设计层面推动自然资源系统保护和科学规划管理的重大突破，为解决我国现有滨海空间规划缺乏有效统合、刚性约束薄弱、空间层次单一、海陆统筹力度不足等问题提供了契机。

由此可见，滨海空间规划在未来亟须深入探索多资源环境约束条件下的滨海空间可持续发展，在全域全方位的国土空间管控要求下，实现底线刚性管控和分区分类引导，立足于海陆一体化和海陆空间联动，全面优化海洋国土空间保护与利用格局，推动滨海空间的高质量发展。其具体要求如下。

1.5.1 适应多种资源环境约束的复合性要求

滨海空间需在具体的空间规划设计的层面上，适应多种资源环境约束的复合性要求，对滨海空间进行综合管理，使得国土空间资源在受到自然生态保护的同时，得到最高效的利用。规划需对海洋环境、防灾、产业、生态景观等要素进行统筹考虑，充分研究海洋生态及近海灾害，综合分析海洋资源环境承载能力、海洋环境保护与陆源污染防治，统筹考虑海洋开发内容及现状、接壤陆地空间功能，并严格保护海岸线资源，合理进行景观设计，使得滨海地区人口、经济、社会与海洋环境承载能力相适应，海陆空间资源得以充分利用。

1.5.2 适应国土空间规划变革方向

我国特殊的政治、历史原因使得我国海洋管理体制一直缺乏统一的管理标准，在空间形态设计方面的管控内容更是匮乏，滨海空间更是缺乏完善的规划设计指引，从而带来了大量的资源环境问题。而如今自然资源部的成立和国土空间规划的变革，将有助于加强部门统筹和专业协同，有利于建设系统合理的管理体制。滨海空间形态设计规划作为滨海国土空间规划的重要组成部分，需把握规划改革的基本方向，成为保障滨海空间发展与保护相平衡的重要技术手段。

1.5.3 建立空间层次协同的优化方法

滨海空间规划是对滨海空间全方位的设计引导，其设计内容不仅仅是二维的空间平面，还涉及空间容量、空间结构等三维设计内容以及基础性的竖向设计工作。因此，规划需对滨海空间的平面组织、竖向设计、空间规划提出针对性的设计引导，并建立平面、竖向、空间相统一的综合优化方法，保障规划的综合性和落地性。

1.5.4 促进海陆统筹协调发展

伴随着海洋开发利用的日益深入，海洋与陆地在发展过程中存在的互动、互补效应逐渐引起人们的重视，海陆并举，相互配合，是充分发挥我国海陆兼备的地缘优势、实现地缘政治最优化和增值效应的重要前提。尽管“海陆统筹”实施的空间范畴不仅涉及滨海空间，还可完整覆盖我国的海洋国土及陆地国土，并且向与我国利益密切相关的国际区域延伸，但滨海空间海陆交界处的特殊地理区位，使其具备了信息要素流通必要出入口的重要地位，无疑成为海陆统筹中最值得关注的区域。合理的滨海空间规划将作为海陆统筹的优先抓手，带动大区域范围的发展。

第 2 章　国内外滨海空间规划的实践案例及问题总结

2.1 滨海空间规划案例分析

综合来看，各国滨海空间规划的典型实践案例多为以改变海域性质、创造新的空间资源为目的的填海造地工程。另外，填海造地作为人类对海洋环境改造利用的主要方式，能够敏锐而全面地反映各时期人类对滨海空间规划意识和建设方法的转变。因此，本章主要选取各国填海造地工程作为研究案例，探究滨海空间的发展规律。

目前全世界有四个滨海空间规划实践相对集中的地区，主要分布在北纬 20° 至 50° 之间，以东亚及东南亚、墨西哥湾、西欧和阿拉伯半岛为代表（图 2-1）。其中，东亚地区主要集中在中国、日本以及韩国，日本的影响最为广泛；东南亚地区以新加坡为代表，短短 50 年新建并改造了大量滨海土地；阿拉伯半岛强度较高，集中于阿联酋、卡塔尔以及巴林等国，它们进行了大量的填海实践，填海形态丰富多变，迪拜的朱美拉棕榈岛是该地区的典型代表；西欧地区以荷兰为首，经历了 800 多年的滨海空间实践，是著名的填海造地国家；墨西哥湾海域的建设工程多位于佛罗里达半岛的坦帕和迈阿密沿岸，依托沼泽地质进行居住项目的开发。

图 2-1　世界四大滨海空间实践区域——东亚及东南亚地区、西欧地区、阿拉伯半岛及墨西哥湾地区
资料来源：作者自绘。

在这些实践相对集中的地理区域，多个国家或城市都经历了滨海空间建设改造的不同进程，衍生出了既相似又各具特征的发展轨迹。本章将从用海方式演变、空间分布演变、区域功能演变、发展阶段演变等四个方面进行简要的分析与总结。

2.1.1 用海方式演变

用海方式的演变反映了人类工程技术水平和思维价值的转变，与历史时间存在密切的关系。在各个历史时期，滨海空间的规划方式不断转变，以填海为代表的建设用海方式呈现出趋同的演变规律。

2.1.1.1 新加坡

新加坡的用海建设可以追溯至1960年之前，在发展初期，填土技术非常有限，基本在原有的滩涂沼泽地的自然基底上进行用海改造，如驳船码头、唐人街；随着经验的增长、吹填技术的提升，开始在新加坡主岛外围进行平推式填海，如东海岸、樟宜机场、大士等；随着全球对生态环境重视度的提高，人工岛式填海开始受到推崇，如裕廊岛、实马高岛。具体可参见表2-1。

表2-1　新加坡用海方式分类

建设用海方式	时期	地域	地理位置
滩涂式	殖民时期	新加坡河的南岸（现在的驳船码头 Boat Quay）	 南岸
		Telok Ayer 唐人街	
平推式	1966—1985	东海岸	 新加坡、马来西亚之间 大士 樟宜 东海岸
	1976—1978	樟宜	
	1984—1988	大士（沼泽地）	
	1993	新加坡、马来西亚之间	
人工岛式	1991	裕廊岛	 裕廊岛 圣约翰岛 圣淘沙岛
	1979—1980	圣淘沙岛	
	1975—1976	圣约翰岛	

资料来源：作者自绘。

2.1.1.2 日本

（1）东京湾

与新加坡不同，东京湾的用海建设始于 1868 年，但在 1956 年进入全盛时期。因此，已经具备了较高的工程技术能力，出现了人工岛的填海形式。分析东京湾的用海方式，可发现人工岛式填海面积占总填海面积的 49%，平推式填海面积占总面积的 51%，其中人工岛主要分布于东京湾西岸东京港、川崎港、横滨港以及东岸千叶港的小部分区域，横须贺港、木更津港、千叶港大多为平推式填海，如图 2-2 所示。

图 2-2　东京湾用海方式
资料来源：作者自绘。

表 2-2　各时段东京湾平推式填海与人工岛式填海的面积比例

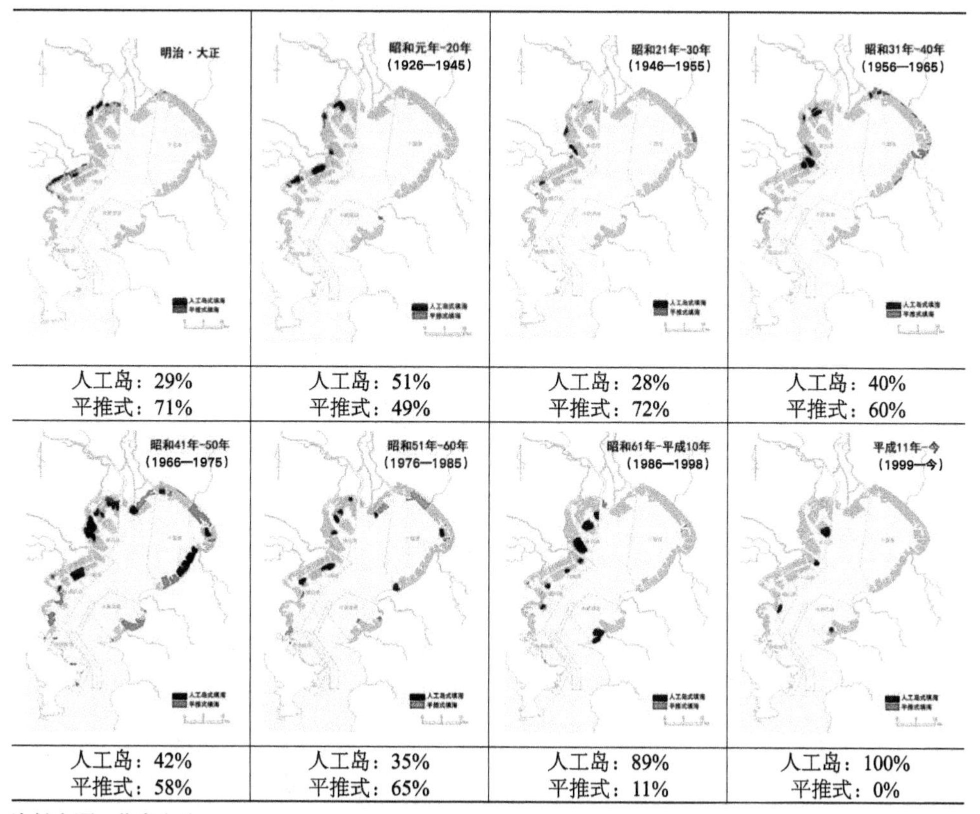

明治·大正	昭和元年-20年（1926—1945）	昭和21年-30年（1946—1955）	昭和31年-40年（1956—1965）
人工岛：29% 平推式：71%	人工岛：51% 平推式：49%	人工岛：28% 平推式：72%	人工岛：40% 平推式：60%

昭和41年-50年（1966—1975）	昭和51年-60年（1976—1985）	昭和61年-平成10年（1986—1998）	平成11年-今（1999—今）
人工岛：42% 平推式：58%	人工岛：35% 平推式：65%	人工岛：89% 平推式：11%	人工岛：100% 平推式：0%

资料来源：作者自绘。

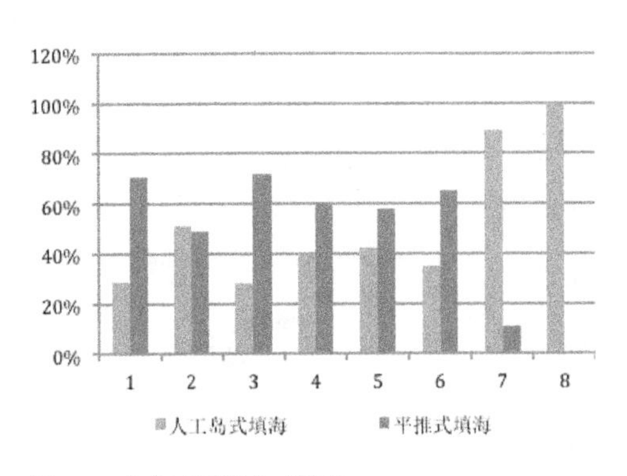

图 2-3　东京湾用海方式演变
资料来源：作者自绘。

在东京湾，建设用海方式的选择主要依据进行填海活动区域的岸线形状而定，人工岛式与平推式互相穿插进行。如表 2-2 所示，八个时段中，基本每个十年段均同时出现了人工岛式填海和平推式填海。但随着时间的变化，人工岛式的填海方式占比越来越大，平推式填海的比重逐渐减小，目前，东京湾填海造地区域已全部采用人工岛式的填海方式（图 2-3）。

（2）大阪

日本大阪湾经历了自江户、明治、大正时期到昭和、平成年代的发展历程，由于现有资料历史时期跨度较大，难以精确划分填海造地的阶段，只能进行三个阶段的大致划分：大正时代以前的滩涂填海造地时期、昭和时代的高速平推式填海造地时期、平成时代以来的人工岛式填海造地时期。

在具体建设类型上，由于填海造地技术的进步和可利用岸线的迅速减少，大阪府沿岸各地方的填海方式，经历了从滩涂围填到沿岸平推，到突堤式短边接岸，再到完全人工岛式的全过程发展历程，而且，在同一历史阶段只采用一种类型，形成了明显的类型阶段演化特征。

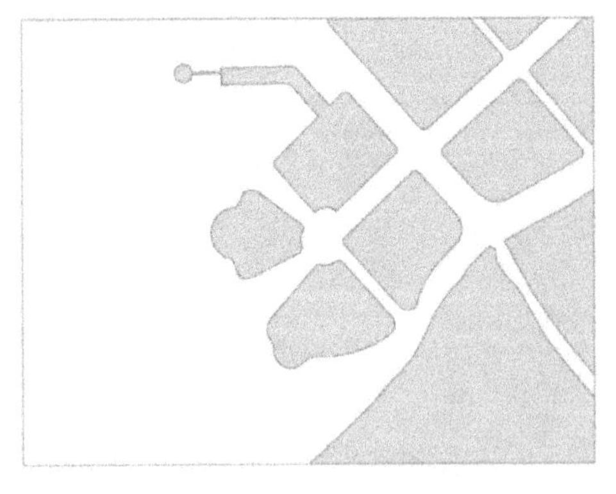

图 2-4　招远市填海造地区域岛型平面图
资料来源：作者自绘。

2.1.1.3 中国

我国的用海方式演变同样经历了从最初的围滩涂造田以供农业用地使用，到后来的平推式填海以扩展城市用地，一直到近年来追求海洋生态环境的保护而大多采用离岸式的填海方式。例如：招远市滨海空间的填海造地工程即采用人工群岛的填海方式，最终岛型的选择考虑土地利用、景观环境、岸线利用、生态保育等多种要素，通过优化筛选最终形成（图 2-4）。

通过以上案例的梳理与分析可知：就整体而言，各国的用海方式选择都具有滩涂式填海—平推式填海—人工岛式填海的发展趋势。但各国之间也具有明显的差异特征：新加坡的用海方式的发展随着时间的增长渐进发展；日本东京湾的用海方式中，人工岛式填海与平推式填海的比例关系越来越适宜，而大阪的填海方式不断进步，但在每个发展阶段仅采用一种建设用海方式；我国则是初步认识到海洋生态环境的重要性，人工岛式的填海方式逐渐开始受到重视。

2.1.2 空间分布演变

空间分布演变是分析滨海空间建设地区特征和发展趋势的重要依据，其中既包括三维立体空间中的要素变化，又包括平面空间中的要素变化。本书将主要从平面空间中的位置变化与规模变化两方面，以填海造地区域为例，对世界范围内典型案例的空间分布演变进行分析与总结。

2.1.2.1 新加坡

在位置变化方面，如图 2-5 所示，新加坡滨海空间的填海活动大体遵循由近及远的趋势：中心区—东西海岸—周边散岛的空间秩序，在主岛填海规模达到一定峰值后，对周

图 2-5　新加坡填海造地区域空间演变图
资料来源：作者自绘。

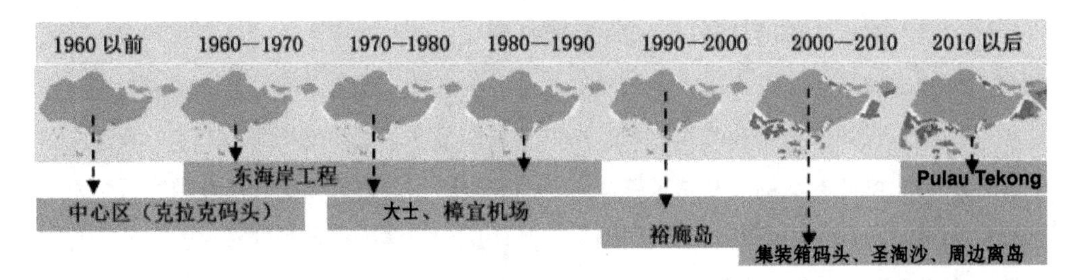

图 2-6　新加坡各时期重要填海工程项目及持续周期图
资料来源：作者自绘。

边现存的离岛进行改造、填埋和利用。这一顺序的优势有二：①减少对主岛环境的破坏，渐次保护；②对主岛有一定的安全防护功能，起到防灾缓冲作用。

而且，重点工程项目对新加坡的填海造地进程具有重要的推动作用（图 2-6）。如最早期的驳船码头工程、20 世纪 60 年代的东海岸工程、70 年代的樟宜机场工程及大士工程、90 年代的裕廊岛工程等，均具有较强的时代识别性，不断推动填海造地进程。

在规模变化方面，因各时期滨海空间的填海项目数不一致，项目平均规模也存在差异（图 2-7）。1970 年以前，填海区功能单一明确，项目平均规模较小，受技术限制较大；1970—1980 年，填海区功能开始丰富，技术开始提升，项目平均规模上涨；1980—2000 年，受总量影响，项目平均规模又有所下降，但因日渐纯熟的技术以及日渐增加的项目总量，仍高于 70 年代以前；2000 年以后技术障碍基本破除，填海功能多样且项目平均规模稳步提升。

综上，新加坡滨海空间中，填海造地区域的空间演变主要受国家发展阶段、重点工程项目、工程技术的影响，经历了工作重点由城市中心向边缘地区的转变，平均项目规模也呈现出从小到大的趋势。

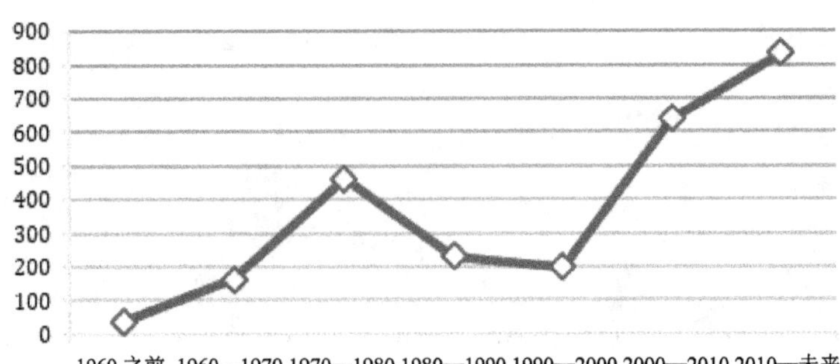

图 2-7　新加坡各时间段项目平均规模曲线
资料来源：作者自绘。

2.1.2.2 日本

在位置变化方面，如图 2-8 所示，日本东京湾的滨海空间分布具有内湾式填海的特征，即圈层式逐渐往湾内核心吃水，原有自然岸线逐渐被人工岸线占据。在往湾内吃水的过程中，预留水道的宽度越来越大，逐步形成组群式布局，岛的形态也越来越自由。

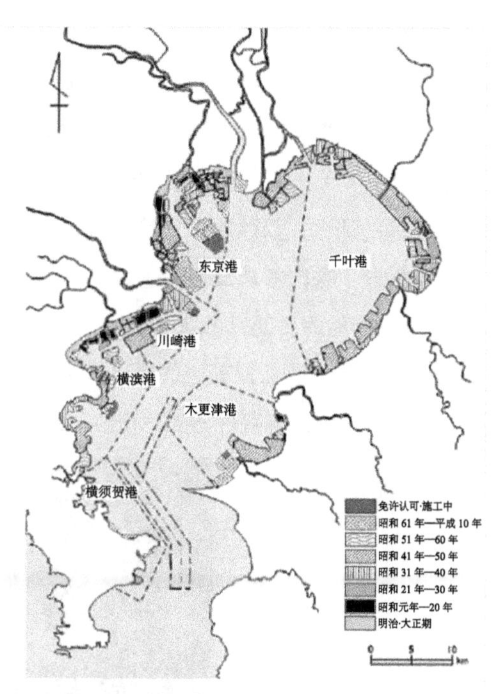

图 2-8　东京湾填海造地区域空间演变图
资料来源：东京湾环境情报局。

东京湾滨海空间的改造源于工业制造，在很长一段时间内保持了旺盛的填海造地需求。据规模统计，其填海面积并非简单的线性增长，而是受多种现实因素的制约，呈现出几种不同的增长趋势。

如图 2-9 所示，在 20 世纪 50 年代中期至 70 年代初期东京湾的填海面积迅速增长，其原因是东京湾的人口数量大幅增长导致严峻的人地矛盾。为了使原有农业用地得到最大的保留，大量填海造地为工业制造提供更多的场地。而到了 20 世纪 70 年代以后其填海面积开始下降，直到 20 世纪 90 年代填海面积几乎为零，这种变化出现的原因主要在于 70 年代之后东京湾的人民生活水平显著提高，大米产量严重过剩，东京湾对农业用地的需求开始下降；同时，填海造地带来的负面效果也逐渐显露出来，如海洋生态环境的破坏和有机岸线的减少。

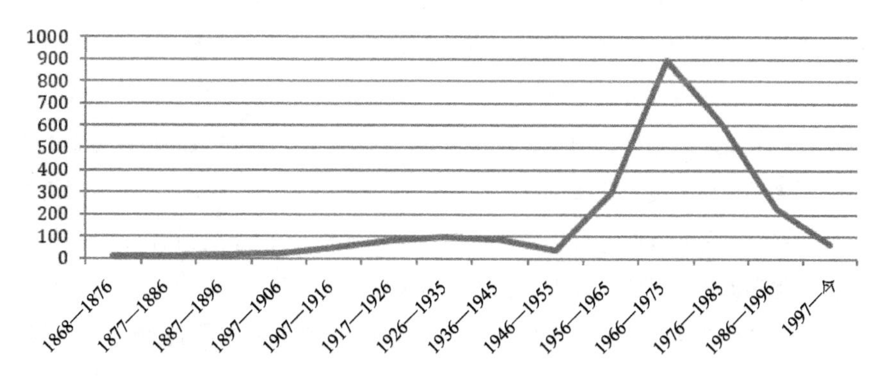

图 2-9　东京湾各时间段填海面积折线图
资料来源：作者自绘。

2.1.2.3 中国

以香港为代表，其滨海空间改造大都在20世纪70年代新市镇发展计划实施之前，填海造地的位置空间分布多集中于维多利亚港的两岸，即香港工商业活动中心周围。而20世纪70年代之后，填海造地工程为了配合新市镇计划的开展，将填海中心转移至新界较为偏远的地区，如沙田、大埔和屯田等。具体参见图2-10。其中重点工程项目在一定程度上促进了香港的填海造地进程。例如第一次世界大战前的中区填海造地工程、20世纪20年代起始的启德机场填海造地工程、20世纪70年代的葵涌填海造地计划和21世纪初的东区走廊扩展工程等，这些填海造地工程都极具时代特征，具有较强的可识别性，同时也在不断地推动着香港填海造地的进程。

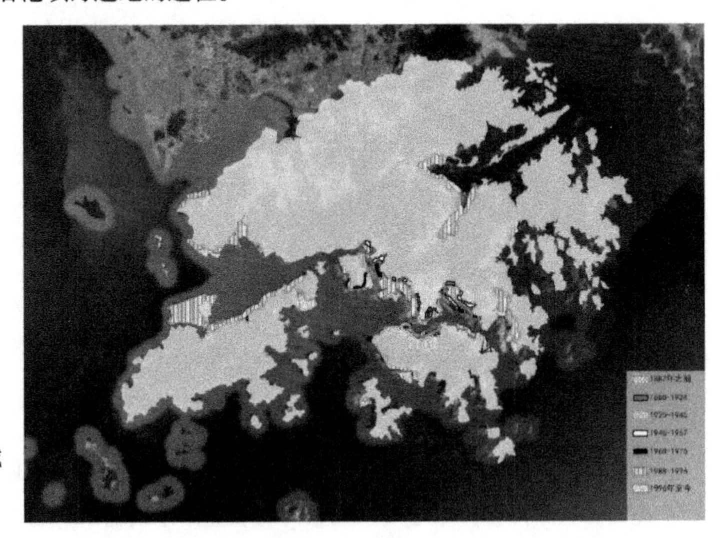

图2-10　香港填海造地区域空间分布图
资料来源：作者自绘。

1887年之前的填海造地工程始于香港开埠，此时的填海面积较少；1888—1967年由于商业发展和公共设施的需要，填海面积逐年平稳增长，且填海造地的重点主要集中在维多利亚港；1968—1976年的填海总量为1209 hm^2，主要目的为疏散人口和改善人居环境，填海造地的重点开始转移到新九龙和新界；1977—1996年的填海总量为2915 hm^2，70年代中后期的填海力度开始加强，这一时期的填海造地工程主要是为了配合经济发展，同时一些专项规划和政策的颁布也对此时期填海面积的增长有促进作用；1997年至今，随着社会对生态保护及填海关注度的提高，香港的填海造地活动开始受到社会和政策管理的制约，一系列的法律法规使得填海造地工程的实施需要更加严密的论证，来自填海的土地供应明显减少。具体参见图2-11。

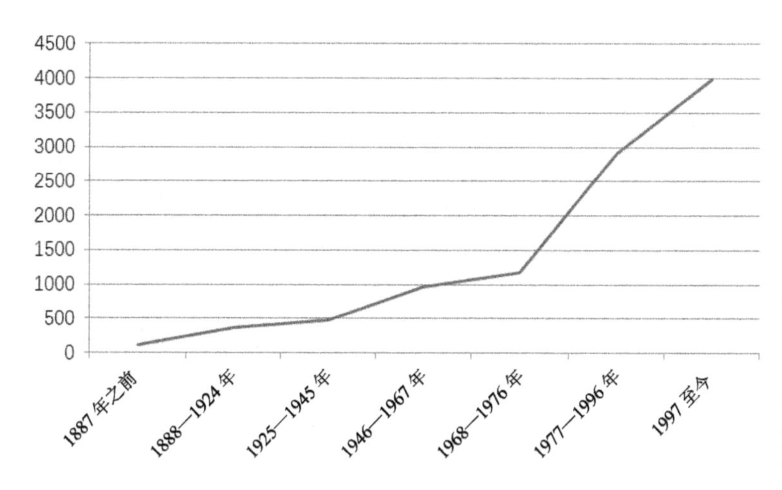

图 2-11　香港各时间段填海面积折线图
资料来源：作者自绘。

综上，滨海空间（以填海造地区域为代表）的空间分布演变主要受国家发展阶段、城市功能发展需求、重点工程项目、填海造地工程技术等因素的影响。填海造地的规模基本上首先呈现从小到大的变化，然后逐渐趋于平稳；位置基本上呈现从城市中心向边缘地区由近及远进行转移，同时又与地区海湾类型和填海方式选择有密切联系。

2.1.3 区域功能演变

滨海空间的功能演变可以从填海造地区域的功能转变得到体现。填海造地区域的功能是推动整个滨海空间功能演变的重要因素，同时也是推动整个城市发展的重要环节。因此研究填海造地区域的功能演变，对合理规划滨海空间的区域功能具有重要意义，本书将选取几个典型案例对填海造地区域的功能演变进行分析与总结。

2.1.3.1 新加坡

填海造地是滨海空间的用地扩展行为，其动力需依附于城市需求。依据新加坡 1960 年至今各产业的市场比例数据（图 2-12），整个国家的总体功能需求逐渐发生变化——农渔业、采掘业产值比重逐年降低，运输与通信、公用事业产值比重基本持平，金融服务、建筑业、制造业产值比重逐年上升——这意味着新加坡对传统产业需求的降低，对工业制造、房地产、金融服务等新型产业需求的增加，同时并未放松基础设施建设。

纵观新加坡填海造地区域的功能，它呈现出与城市总体功能相对应的正相关关系（图 2-13）。在填海初期，城市主要依赖港口，以贸易为主导实现货物吞吐和交易，其他行业

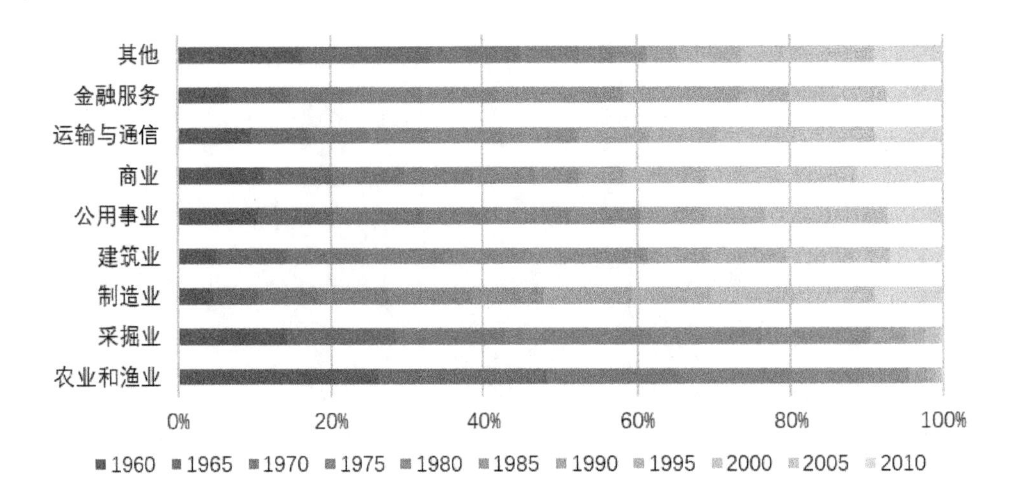

图 2-12　新加坡各产业在 GDP 中所占比例变化（按当年市场价格）
资料来源：作者自绘。

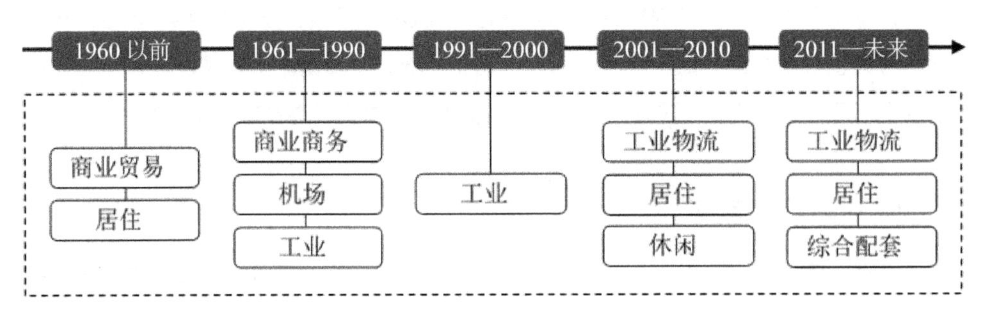

图 2-13　新加坡填海造地区域功能演变图
资料来源：作者自绘。

非常薄弱，填海功能为码头、交易市场、机场。随着贸易的繁荣，码头成为人流聚集地，同时随着港口迁址，基于城市中心区的建设开始兴起，此后 30 年间填海活动均致力于新加坡最繁华区域的建设，金融服务的职能开始凸显；此外由于新加坡对交通运输的需求旺盛，樟宜机场一直是填海造地工程中的重要项目，良好的基础设施为城市其他职能打下良好基础。20 世纪 90 年代以来制造业成为新加坡经济的主导力量，填海开发主要通过制造业提升经济产值。2000 年以后面向多元的城市职能和不断增长的人口，填海造地区域用于建设更多的私人住宅、公共组屋以及康体娱乐设施，同时增加工业的种类，丰富商业活动的形式，加大道路、高速公路、捷运系统、港口和机场等基础设施的建设，填海造地区域的功能逐步转向休闲娱乐、人居环境等 。

因此，以填海造地区域为代表，新加坡滨海空间的功能主要受国家发展进程的影响，经历了由传统贸易到新兴工业、娱乐休闲、服务配套的转变；在不同时期不同发展需求的驱使下，呈现出由单一低端职能转向多元复合高端职能的趋势。

2.1.3.2 日本

填海功能的演变历史能准确反映滨海空间功能演变的趋势（图 2-14），东京湾最早的填海历史可追溯至江户时代，因经济中心东移而逐渐发展；明治维新后，日本引入了大量先进工业，东京湾初步形成了临港工业区；战后日本经济快速恢复，城市化进程加剧，填海造地规模也急剧增加，至 1978 年，日本滨海空间形成了完整的工业带，东京湾 90% 的岸线被人工开发，出现了数量众多的人工岛。后来由于填海造地负面影响的逐渐显现，东京湾转变了发展方式，将用途转向第三产业，打造集休闲娱乐为一体的现代综合服务中心。从 1987 年起，日本逐渐开始控制和减缓填海造地发展的规模和速度，保护和修复生态环境。

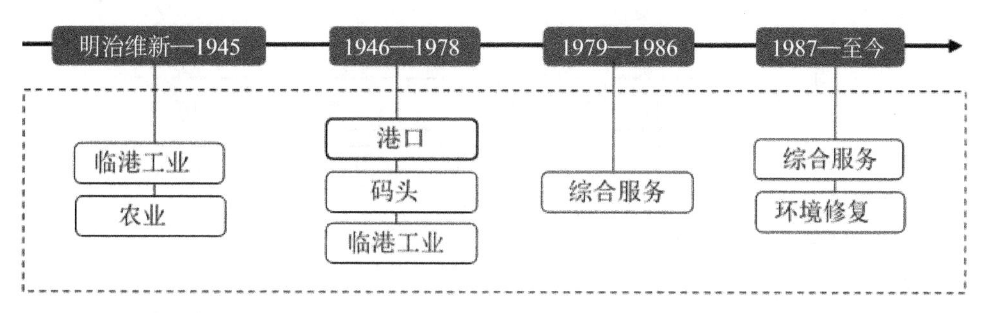

图 2-14　东京湾填海造地区域功能演变图
资料来源：作者自绘。

以填海造地区域为代表，东京湾初期、中期的滨海空间主要用于工业化的产业发展，随后由于经济迅速发展和第三产业的需求增加等，滨海空间的功能开始向综合服务演变，到后期又因为海洋生态环境遭到严重破坏，东京湾滨海空间的功能开始注重环境修复。

2.1.3.3 美国

波士顿于 1630 年建立，最早的土地只有 487 ac.（约合 197 hm^2），为了扩展城市功能，滨海空间开始进行填海改造，填海造地区域逐渐成为城市发展的重要组成部分。如图 2-15 所示，1630 年至 1795 年，波士顿因海运贸易的繁荣而在城市的沿海地带通过填海造地形成了大量的港口与码头，促进了经济的快速发展；至 1852 年，波士顿填平了磨坊海塘、西湾与南湾部分地区以及东波士顿沿岸地区，以增加城市用地和工业港口用地；至 19 世纪 80 年代，后湾的海面也变成了陆地，南湾海域进一步缩小，填出的土地除了用于工业扩展和城市住宅建设，还用于绿地景观空间建设，如查尔斯河沿岸的查尔斯班克公园和东波士顿的马琳公园；20 世纪初期东波士顿建设了大量的住宅、办公用房以及洛根机场，随着机场的扩建，填海造地区域规模直到 1955 年才停止增长；第二次世界大战后随着产业革命和“城市复兴”运动的兴起，波士顿沿岸的旧工业区和码头区逐渐向休闲娱乐、文化展示等城市功能转变，形成了景观优美的滨水空间。

波士顿填海造地区域的土地大都用于扩展城市功能，与产业用地需求相比，城镇建设需求更为迫切，并且产业用地在产业更新后迅速调整，融入城市空间。

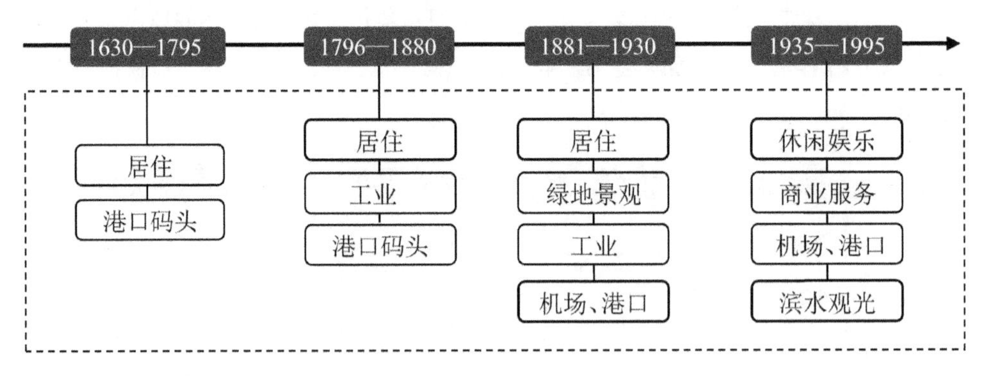

图 2-15　波士顿填海造地区域功能演变图
资料来源：作者自绘。

2.1.3.4 中国

天津作为我国重要的港口城市，最早的滨海空间改造历史可追溯至 1939 年塘沽设港。天津经历了我国填海造地运动的兴起、发展与回落的整个过程，发展历程完整，极具代表性。

天津滨海新区是渤海湾重要的制造业基地、国际物流港口，2009 年调整的行政区划使得滨海新区覆盖了天津大部分的海岸带地区。为配合滨海新区的快速发展，该区域填海造地进程于 2000 年开始加速。天津滨海新区 2000—2015 年共填海造地 440 km^2 左右，分别建设了天津港南北港区、临港工业区、南港工业区与休闲旅游区等填海造地工程。

滨海新区填海造地区域规模快速增长的同时，配合“国家级装配制造业基地”的发展目标，重工业产业集群在该区域集中布局，迅速拉动了港口货运、仓储物流、能源供给等相关产业的发展。在政策引导下，天津滨海新区走上了“以大型港口和能源基地为依托、临港工业为主导”的发展道路。2011 年以后，滨海新区功能布局发生转变，致力于打造“产城协调发展的综合性城市区域”，第二产业比重逐渐下降，填海造地区域功能逐渐向城镇生活、休闲旅游方向发展（图 2-16）。位于滨海新区北部的旅游休闲区正是在这样的背景下开展建设的。

伴随着产业升级、结构调整的步伐，滨海新区填海造地区域的利用形式正试图从以工业利用为主向以形成城镇生活用地为主转变。虽然以工业利用为主的特征依然明显，但由于综合城市功能的出现和发展，新的利用形式已经形成。因此可以认为，天津滨海新区填海造地发展刚刚进入过渡阶段，与世界上其他国家或地区相比较，该区域的发展仍然相对滞后。

从滨海新区填海造地区域发展需求来看，生态建设与环境保持也是其重要的价值取向，在经济产业的持续发展基础上，生态主导的区域发展也将是重要目标。因此该区域可能在过渡阶段完成转型升级，此后向着稳定阶段持续演变，以谋求生态与经济的双重可持续发展。

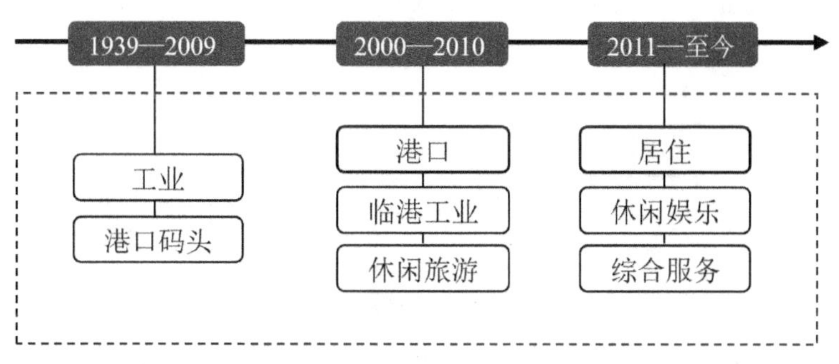

图 2-16　天津市滨海新区填海造地区域功能演变图
资料来源：作者自绘。

通过对以上案例的对比分析可得，各国的滨海空间（以填海造地区域为代表）的区域功能大都具有以下演变趋势：从最开始因经济发展的需要设置港口码头、工业、农业等单一功能，到后来注重城镇生活的休闲娱乐、旅游观光的综合服务功能，再到最后开始重视环境修复的生态功能，总体上呈综合多元的发展态势。

2.1.4 发展阶段划分

发展阶段划分主要指依据滨海空间在不同发展时段显现出的不同特征，划定滨海空间发展历程的方法。填海造地区域的发展特征能够较为突出地反映滨海空间的特性，因此主要选取各国填海造地区域作为研究案例。而填海造地是一个长期的动态过程，在固定时期具有独特表征，因此本书书主要从阶段划分及其特征方面对各案例进行分析研究与总结。

2.1.4.1 新加坡

以填海造地工程为主要依据，可将新加坡滨海空间的发展进程划分为三个阶段：起步期、波动期和急速期（图 2-17）。

起步期：新加坡从独立建国到 1980 年，都处于经济平稳增长阶段，随着经济实力的提高、填海技术和经验的积累，填海造地也保持着一定的增长速率。

波动期：从 1985 年出现首次经济危机 开始，新加坡接下来的两个十年段处于较为动荡的经济发展阶段，填海造地受到了极大的影响。

急速期：随着新纪元的到来以及经济复苏，新加坡进入经济高速增长阶段，并且随着其他沿海国家的填海热潮，新加坡的填海又呈现爆发性式增长。

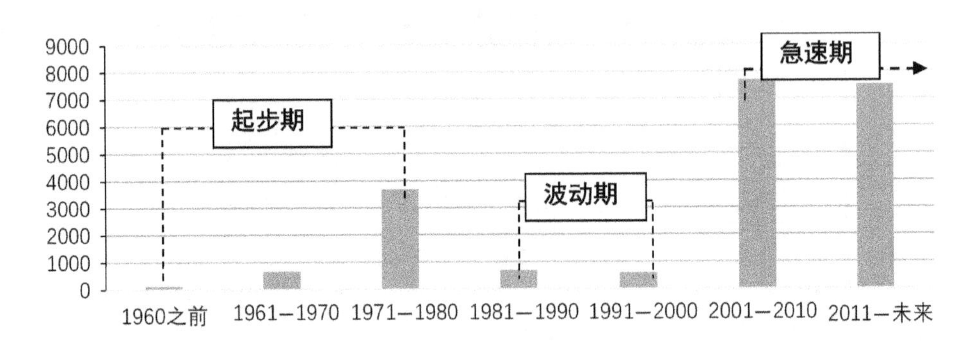

图 2-17　新加坡填海造地阶段划分图
资料来源：作者自绘。

新加坡填海造地发展进程的总体特征如下。

①由粗放到可持续。新加坡的填海方式选择与规划理念经历了由粗放到集约可持续的转变，最初新加坡选择在原有滩涂沼泽的基底之上直接进行填海造地，而随着对生态环境保护重视程度的提高，离岛围填开始受到推崇。

②填海进程的动态变化。新加坡的填海进程不是一个简单的线性增长的过程，而是动态变化的。影响其填海进程变化的因素涉及经济、政策、社会、地理和环境等诸多领域，但经济发展和国家的政策制定影响最为主要。

2.1.4.2 日本

以东京湾填海造地工程为代表，可将滨海空间的发展进程划分为四个阶段：起步期、波动期、急速期和理性期（图 2-18）。

起步期：从 1868 年至 1935 年的七个十年段，东京湾的填海造地处于缓慢增长期，总体规模较小，增长速率也较为一致，填海造地的规模变化曲线较为平缓。

波动期：从 1936 年至 1955 年的两个十年段，东京湾的填海造地开始出现下滑趋势，受第二次世界大战的影响，填海造地的规模开始下降。

急速期：从 1956 年至 1974 年的两个十年段，第二次世界大战结束后经济复苏，同时借助工业用地的大量需求，东京湾的填海造地呈现出爆发式的增长，创历史新高。

理性期：由于急速发展阶段工业制造的严重污染、海洋沿岸人口的过度集中、岸线的过度开发，又因内湾处生态敏感度较高，东京湾出现了严重的环境问题，大量生物绝迹，造成填海规模一年低于一年，从 1997 年至今填海造地工程不超过四项，东京湾进入到环境整治期。

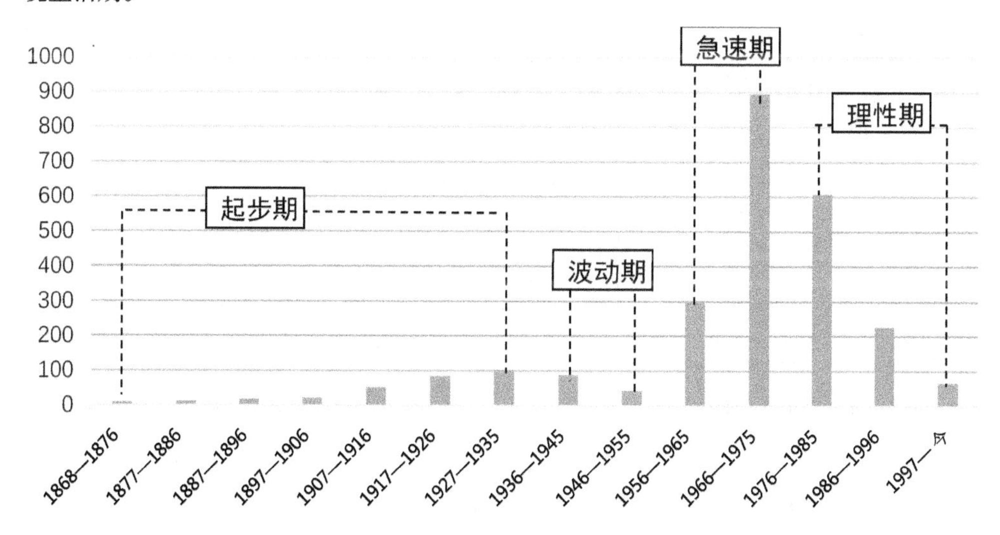

图 2-18　东京湾填海造地阶段划分图
资料来源：作者自绘。

东京湾填海造地发展总体特征主要如下。

①先发展，后治理。东京湾作为重要的工业与港口物流中心，快速的填海造地开发与粗放式的经营模式，给区域环境曾造成恶劣影响，最终不得不放弃这种不可持续的发展模式，转向海洋环境治理，显示出截然不同的阶段特征。

②具有科学统一的发展规划。从国家全局的角度来把控东京湾填海造地区域的发展规划，将沿海区域纳入统一体系总体布局；在区域层面明确东京湾不同岸段的主体功能，从而有效指导填海造地区域的管理与建设。

2.1.4.3 荷兰

以填海造地工程为代表，荷兰的滨海空间发展进程可分为四个阶段：起步期、急速期、平稳期、恢复期（图 2-19）。

起步期：从 1932 年至 1952 年，主要是进行用于居住和生活的填海造地，填海造地速度较为缓慢，填海造地效果也较为一般。

急速期：从 1953 年至 1978 年，主要是进行用于安全防灾的填海造地，填海速度迅速提升，在此期间填海造地达 2300 km^2。

平稳期：从 1979 年至 1999 年，主要是进行用于安全防灾和海洋生态环境保护的填海造地，其中最具代表性的填海造地工程是三角洲工程和须德海工程。

恢复期：2000 年至今，荷兰在保障抵御海潮和防洪安全的前提下，研究“退滩还水计划”，实施保护生态环境、与自然和谐共处的填海造地工程计划。

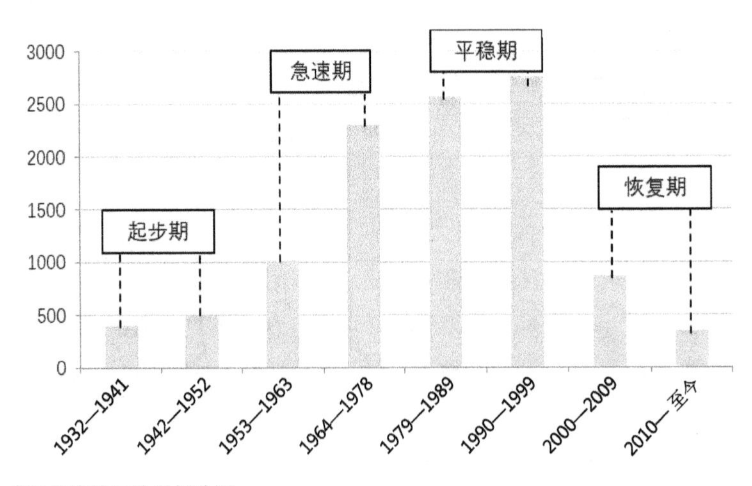

图 2-19　荷兰填海造地阶段划分图
资料来源：作者自绘。

荷兰地区填海造地发展主要有以下特征。

①突出防灾减灾的重要功能。荷兰地理环境特殊，拥有悠久的填海造地历史，填海土地除了用于农耕及城市发展外，防灾减灾为重要利用目的之一。与海洋争夺土地，维持自身正常发展是开展填海造地工程的主要原因。

②重视生态保护。填海造地工程会给海洋环境造成极大消极影响，因此荷兰的填海造地工程多注重与生态环境保护的协调。例如三角洲工程在动工之初便采用了非完全封闭式大坝的设计方案以减小对环境的破坏；在环境持续恶化的情况下，甚至采取推倒堤坝、“退耕还海”的方式谋求生态的可持续发展。

2.1.4.4 中国

以香港地区的填海造地工程为代表，可将滨海空间发展进程分为以下四个阶段：起步期、加速期、急速增长期、平稳期（图 2-20）。

起步期：20 世纪中叶之前，其主要目的是开拓商业区，以及作为军事用地。

加速期：20 世纪中叶至 70 年代中后期，此时大规模的填海造地工程主要是为了疏解中心区过于紧迫的人口和经济压力。

急速增长期：20 世纪 70 年代中后期至 1996 年，新市镇计划在香港全境内有序地展开，与之配套的一系列专项规划也被提出。

平稳期：1997 年以后，此时由于生态环境问题凸显、民众反对，填海造地速度有所降低，填海造地工程进入平稳期。

随着全世界对海岸带生态环境关注的提高，香港社会对填海造地计划采取审慎论证的态度，现时大部分填海造地计划由于环保组织及民众抗议等社会阻力已被取消，未来香港的填海造地工程将会更加趋于理性。

香港地区填海造地发展主要有以下特征。

①需求导向明显，紧随政策与经济发展的变化而变化。第二次世界大战前，香港的填海造地工程主要是开拓中心商业区和满足军事用地的需要；后逐渐向满足工业用地和新市镇用地发展；接着更加注重整体发展规划，为配合城市发展需要提出更多的专项计划。

②盲目开发，忽视与生态的双重可持续发展。香港的填海造地进程发展受经济因素影响较大，在促进民生的同时也严重破坏了海洋生态环境，所以在后期其填海造地的速度进入平稳期，开始注重生态环境的修复。

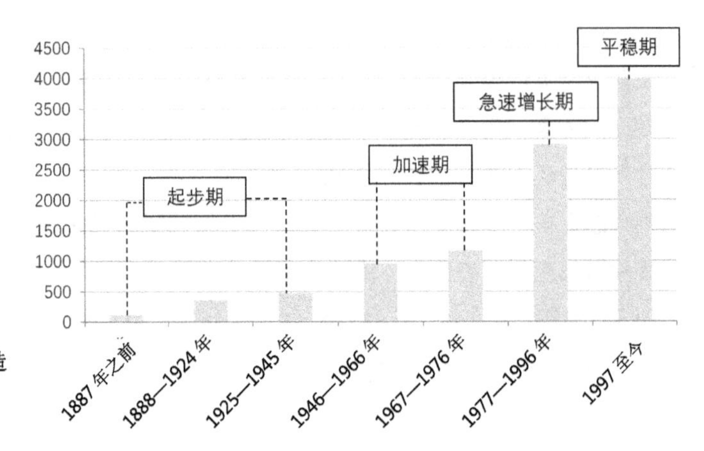

图 2-20　香港填海造地阶段划分图
资料来源：作者自绘。

2.2 规律总结及发展启示

2.2.1 规律总结

2.2.1.1 从快速急进走向稳步控制

各国滨海空间大都采用先建设后治理的模式，初期追求快速的开发利用以提高经济效益。但其中，大规模的填海行为改变了滨海空间的陆海生态空间格局，对滨海空间的环境和生态产生了极大的负面影响。随着滨海空间的阶段性发展，各国都逐渐开始反思区域发展需要达到的最终目标。在发展阶段后期，填海造地工程的规模和速度都得到了有效控制，各项开发建设活动也逐渐得到了有序管控。例如，日本政府在近一阶段开始耗资进行生态修复和维护，荷兰也开始推行退滩还水计划，各国的建设滨海空间规划逐渐迈向稳步控制阶段。

2.2.1.2 从一事一议走向统筹规划

发展伊始，滨海空间规划并未设立宏观层面的长远目标，各国滨海空间改造大都只注重眼前的经济利益。对于规划实施过程中出现的问题也只能做到一事一议，并没有认识到滨海空间规划是一项涉及面广、影响深远、关系复杂的系统工程，最终导致滨海空间发展无序，空间品质较差。而近些年来，各国逐渐认识到滨海空间规划统筹的重要性，开始协调各类用地的需求，对海域资源的开发和经营进行有序统筹。例如，荷兰填海造地区域已经开始因地制宜地进行全面综合规划，并形成政策法案，以持续地按照既有规划进行逐步开发、建设和整治。

2.2.1.3 从单一目标走向复合影响

通过国内外滨海空间规划案例研究可知，在发展初期，大多数国家的滨海空间改造目标较为单一，基本采用填海造地的方式以实现土地资源的再生，从而增加财政收入。然而，单一功能的工业利用形式和以经济为单一目标的规划设计模式，最终严重阻碍了滨海空间的健康发展。而随着发展阶段的提升，滨海空间出现了复合、高效、生态的利用形式，各国开始逐步整合海域空间资源，在规划设计中将灾害防护、生态保护、景观提升等目标放在重要位置，空间规划设计方法也从最初的单一因素导向，逐步转化为研究多种因素相互叠加的复合影响。

2.2.1.4 从利用海洋走向海陆统筹

各国滨海空间规划在最初大多基于“用海”视角，为达到最大化的经济利益，进行大规模的填海造地活动，一味地索取海洋资源。在规划建设之前及方案实施的过程中，均缺少对复杂海洋资源环境进行充分的研究与科学论证，从而导致了海域资源的浪费与生态环境的破坏，致使了海陆空间的严重割裂。但随着科学技术的发展与规划理念的提升，各国的滨海空间规划愈发重视陆海统筹，不仅在规划管理上更加重视陆海间的总体统筹，也在空间设计上加强了陆海间的联系。海陆统筹的综合考量，在宏观层面对滨海空间实现了有效控制，从而有助于实现陆海空间的健康可持续发展。

2.2.2 滨海空间规划的发展启示

通过对国内外滨海空间规划实践的梳理，归纳各国滨海空间的发展规律，进一步得出我国滨海空间规划的发展启示。

2.2.2.1 加强规划管控，优化空间规划设计方法

从各国滨海空间的发展历程可以看出：盲目且不加控制的滨海开发会造成大量的土地闲置，不仅无法达成经济快速发展的预期目标，也不利于其他海洋资源的开发利用。因此，未来的滨海空间规划应注重优化地使用土地资源，加强对开发建设的全过程管控。例如，规划前期需进行充分的调研论证，构建土地的建设适宜性评价体系；项目实施过程中需进行实时数字监测，对规划效果进行监管与修正；监管过程中，需对违反开发利用条例的行为进行严格处罚，保证相关管理法规的威严性等。另外，空间规划设计方法也会影响新生土地的建设品质。因此，需要系统优化空间规划设计方法，构建更加合理

的空间规划设计体系，以达到社会经济健康发展、海洋资源高效利用、生态安全防护与空间品质提升等目标。

2.2.2.2 强调复合发展，以生态为先，综合多项资源环境约束条件

从滨海空间的发展历程中可以看出，以经济发展为主要目标的单一工业发展模式，并不能实现滨海空间健康稳定的可持续发展。因此，滨海空间规划的基本方向是实现经济、景观、生态等要素的复合发展，对各要素的特殊性、适宜性、品质性进行复合研究，以实现多项目标。另外，需将生态目标放在首位，建立以生态为底的滨海空间环境评价体系，注重生态环境要素的整合与评估，并贯穿于规划设计与项目实施的全过程，以此保证生态系统的保护与修复。同时，滨海空间处于海陆衔接的特殊区域，海陆环境复杂，受到多种资源环境的约束。因此，在规划过程中应综合考虑多种资源环境约束条件，以达到滨海空间资源的最优化利用。

2.2.2.3 重视海陆统筹，构建滨海空间整体发展规划

滨海空间需要注重海陆统筹，加强填海造地区域、直接滨海岸线区域以及内陆腹地之间的联系。例如，在功能组织上，统筹土地利用，加强基础设施建设，以增强滨海空间与城市腹地的空间联系；在风貌设计上，协调海域特色与城市景观，使滨海空间在保持海洋特色的同时与城市整体形象相融；在公共空间设计中，注重岸线开放空间向城市内陆的扩散与渗透，以构建完整连续的城市开放空间体系等。另外，滨海空间规划的时间跨度较大，应具备前瞻性的视角，构建滨海空间整体发展规划。整体发展规划需协调开发时序，以保障项目的可行性；同时需建立综合的协调机构，跨越行政壁垒，以促进规划、实施与管理的一体化。

第 3 章　多资源环境约束条件与滨海空间形态设计

3.1 滨海空间的资源环境约束条件

滨海空间因其地理位置的特殊性，与其他地理区域具有较大差别，其空间设计受多种自然环境、社会经济要素影响，构成了滨海空间的多资源环境约束条件。

滨海空间是“陆地与海洋交界相互作用、变化活跃的地带”[1]，受到多种自然环境因素的影响。在这里地形地貌受到海水潮汐运动和泥沙的迁移运动而变化迅速，海洋、陆地与大气作用复杂剧烈，更因其独特的自然属性及丰富的自然资源而具有较高的生态环境要求。因此，要在这一区域进行规划设计实践，应当了解和明确近海的自然环境特点，系统梳理自然环境对空间规划的影响要素，从而使设计方案更加适应近海的生态环境演进规律，减少人工建设对区域生态格局的影响，实现可持续发展。

另外，我国海岸线长度有限，自然滨海空间资源本就极为匮乏，需对自然滨海空间进行充分保护，并在保护的基础上，基于社会经济发展要求，高效地利用滨海空间资源；而填海造地等滨海空间改造活动作为人类生存空间的拓展、海洋海岸带空间资源利用的重要途径，也因其高昂的“成本”受到多种社会经济条件制约。由此可见，滨海空间规划受到多种经济社会条件的影响，合理与适度的滨海空间改造对经济发展而言，可以增强沿海地区的产业活力，孕育新的区域经济增长点；对社会而言，能够促进地区社会进步与人民物质文化生活水平的提高，增加就业与社会供给；对城市建设而言，能够优化城市功能结构，丰富滨海岸线环境景观资源。具体而言，滨海空间的资源环境约束条件主要包括以下几点。

3.1.1 近海水动力等特殊海洋生态环境

海浪、潮汐和海流是滨海空间特有的水文环境因素。相较于内陆的河流和湖泊，其水动力变化更加复杂，处于这样的环境中，空间形态设计受到较大的制约。以填海造地工程为例，填海造地滨海空间规划改变了区域海岸结构和潮流运动特征，影响了潮差、水流和波浪，使得原有的水文动力环境发生改变，破坏了原有的泥沙冲淤动态平衡，有可能导致

---

1 沈庆，陈徐均 . 海岸带地理环境学［M］. 北京：人民交通出版社，2008.

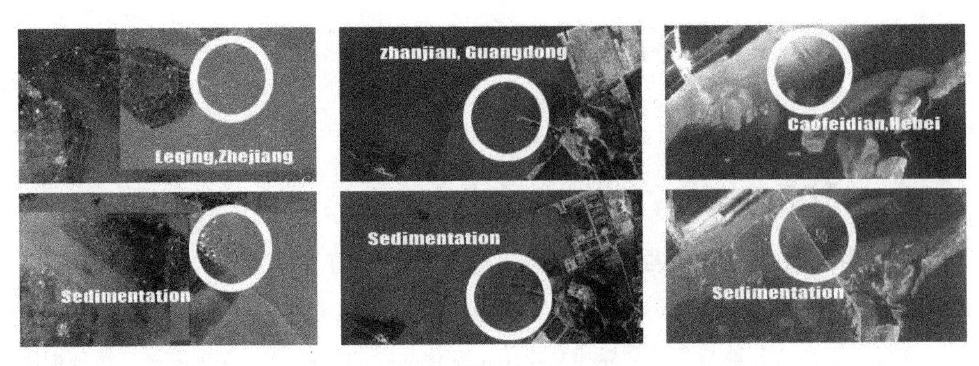

图 3-1　浙江乐清、广东湛江与河北曹妃甸的填海造地工程产生了明显的近岸淤积
资料来源：Google 地图。

海岸侵蚀加剧或者海岸的不稳定性，同时，海水潮差的减小不断减弱潮汐的冲刷功能，加快海湾、岸线以及港口航道的泥沙淤积。国内部分投入使用的填海造地项目（图 3-1）出现淤积严重等现象说明不合理的平面形态会对近海环境产生严重的破坏，也会影响新土地的使用效率，增加维护成本。因此，需结合近海水动力特征对滨海空间进行优化布局，减少人工建设对潮流运动的影响，维系区域生态过程，提高滨海空间的环境质量与使用效果。

3.1.2 复杂多变的海洋气候和海洋灾害

海洋气候的复杂多变，加之浅水效应[1]在近岸地区的功效放大，致使滨海空间成为气象灾害和工程地质灾害频发的地区。我国每年因台风而形成的风暴潮、暴雨等灾害都会对滨海空间城市产生严重破坏，造成巨大生命财产损失（图 3-2）。

图 3-2　风暴潮增水影响近岸地区的成灾过程及受灾实景回顾
资料来源：海洋财富网海洋防灾减灾公众宣传教育平台 www.hycfw.com。

1 浅水效应是指浮体在浅水状态下，随着水深与吃水之比的减小，其运动特性会发生较大变化。（引自百度百科“浅水效应”词条 http://baike.baidu.com）

例如，有史料记载，1895 年天津地区的一次风暴潮毁掉了大沽口地区的几乎全部建筑。气象灾害还同步引发了滑坡等地质灾害，对近岸城市工程建设构成直接威胁[1]。同时，随着人类对海洋开发的加剧，滨海生态环境逐渐恶化，近海水体污染灾害也频频发生。有关数据统计，“2000 年至 2009 年，我国滨海共发生赤潮灾害 792 起，平均每年发生 79.2 起，发生数呈逐年上升的趋势”[2]。总之，处于海陆结合部的滨海空间在各类灾害（表 3-1）进程中总是首当其冲。

进行滨海空间规划时必须考虑近海灾害以及特殊的海洋气候的影响，从城市安全的角度出发，积极构建近海防灾空间，在整体层面上“规划设计一定的纳潮消波空间”[3]，在空间布局上利用合理的形态方式来促进波浪缓冲作用的发挥，以减小风暴潮等对岸线及滨海空间的破坏。

3.1.3 滨海空间的产业功能及开发模式

城市经济的发展和产业结构的调整以及基础设施的建设推动着城市功能结构的不断完善，而城市发展的重要过程之一就是产业功能布局的优化整合。

滨海空间往往具有较强的经济活力，因而其产业布局与功能结构的合理制定对城市发展具有重要的意义。为此，许多沿海城市较早编制了城市的发展战略规划，明确了城市建设用地的职能与开发目标模式，并在城市的载体、物质空间上相应做出长期的、决定全局的谋划和安排。同时，填海造地区域作为滨海空间的一部分，是城市建设用地的有力补充，是城市空间的拓展，同时也是城市功能结构的延伸与补充。因此，进行填海造地区域的规划设计，首先应当将区域纳入城市整体的范畴之中，从产业发展战略的角度，秉持“整体化、主题化、多样化和因地制宜”的原则，结合直接滨海岸线区域特有的资源环境优势，明确滨海空间的职能分工，进而确定产业功能和开发模式（图 3-3）。

刘易斯 · 芒福德（Lewis Mumford）曾说：“城市的主要功能是化力为形，化能量为文化，化死物为活生生的艺术形象，化生物繁衍为社会创新”，城市的非物质要素与物质要素存在关联，并通过载体表现出来。城市功能以城市空间为载体发挥作用，城市滨海空间一旦确定其功能属性和开发模式，就需要从空间规划上予以体现，这一点较之陆上规划更为明显。滨海空间的空间规划是不同功能用地最直接的体现，因而功能属性是重要的设计约束条件。

---

1 李培英，杜军，刘乐军，等 . 中国海岸带灾害地质特征及评价［M］. 北京：海洋出版社，2007.

2 高波，邵爱杰 . 我国近海赤潮灾害发生特征、机理及防治对策研究［J］. 海洋预报，2011（2）：68-77.

3 郑志慧 . 滨海城市填海新区空间形态研究［D］. 大连：大连理工大学，2011.

表 3-1　近海主要灾害及其危害总结

灾害名称		灾害定义	成灾模式	产生危害
气象灾害	风暴潮 Storm Surge	由强烈大气扰动，如热带气旋（台风、飓风）、温带气旋等引起的海面异常升高现象	波峰逼近加上强风对海水向岸的堆积作用，造成海面暴涨，随风冲击海岸，海水倒灌	①引起强烈的侵蚀和堆积； ②直接摧毁人工建筑物； ③引发崩塌等多种次生灾害； ④改变海岸带的地质环境
	海雾 Sea Fog	在海洋与大气相互作用特定条件下出现在海上或沿海上空的低层大气的凝结现象	风力越小越容易生成海雾，易出现在 95% 至 100% 的相对湿度中	①严重影响陆上及空中交通； ②造成农作物减产； ③污染大气，危害人体健康； ④威胁近海电网安全
	海冰 Sea Ice	在海上所见到的由海水冻结而成的冰	在海流等影响下发展成为浮冰或流冰等形式，进而威胁海上安全	①影响舰船航行； ②危害海上建筑物； ③引起海况变化
地质灾害	相对海平面上升 Sea Level Rise	由气候变暖、极地冰川融化、上层海水变热膨胀等原因引起的全球性海平面上升现象	以潮汐、波浪以及泥沙影响下的海洋动力条件变化为动力，对海岸系统造成影响	①加剧风暴潮灾害； ②加大洪涝灾害的威胁； ③加剧沿海地区海岸侵蚀； ④造成防汛工程功能降低； ⑤造成沿海低地被淹没
	海岸侵蚀 Coastal Erosion	海岸带的地形地貌与海岸动力过程不相适应所造成的泥沙搬运和转移现象	海岸线皆存在不同程度的侵蚀问题，具有普遍性，原因为岸滩泥沙供给量的改变和沿岸动力增强	①冲毁房屋和道路； ②海滩减少和毁坏； ③防风林带及风景区受损； ④冲毁沿岸工程； ⑤土地大面积流失； ⑥旅游设施受损
	地面沉降 Land Subsidence	自然因素和人为因素影响下形成的地表垂直下沉的现象	地壳的重力均衡作用和地表土壤、沉积物的自然压实作用	①毁坏建筑物和生产设施； ②造成海水倒灌； ③不利于建设和资源开发
	海水入侵及土地盐渍化 Seawater Intrusion and Land Salinization	滨海空间地下水动力条件变化，引起海水或高矿化咸水向陆地淡水含水层迁移而发生的水体侵入，并造成土地盐渍化的过程和现象	大量开采淡水，地下水位下降，淡水压强减少，咸水迅速向内陆入侵	①恶化生态环境； ②影响工农业生产； ③人畜饮水困难； ④加速地方病流行
生态灾害	赤潮 Red Tide	浮游藻类、原生动物或细菌在一定的条件下爆发式的繁殖或聚集而引起水体变色的一种有害的生态异常现象	工农业废水和生活污水排放导致海洋环境污染，水体富营养化而发生赤潮现象	①恶化海洋环境； ②破坏海洋渔业资源； ③影响滨海旅游； ④危害人体健康

资料来源：参考整理自《中国海岸带灾害地质特征及评价》、《风暴潮、海浪、海冰、海温预报技术指南》（征求意见稿）、《中国海岸侵蚀危害及其防治》、《我国赤潮灾害分布规律与卫星遥感探测模型》、《海水入侵的危害及其防治对策》、《中国近海沿岸海雾规律特征、机理及年际变化的研究》。

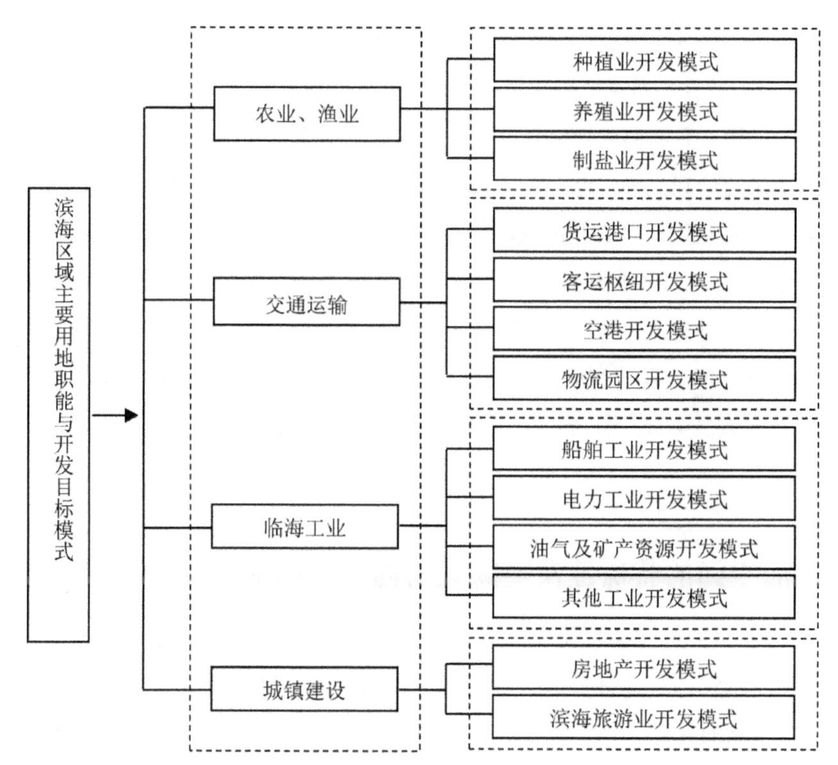

图 3-3　滨海空间主要的产业功能与开发模式
资料来源：参考整理自《区域用海规划面积合理性分析方法初探》及马军的《大连填海造地工程对周边海洋环境影响研究》（2009 年）。

3.1.4 滨海自然生态格局及景观资源

"近海的湿地及滩涂为动植物种群的生存和繁衍提供了良好的自然生态环境"[1]，这些资源共同构成了滨海空间稳定的生态系统格局，自然生态系统的任意要素受到破坏，都会影响到生态格局的稳定性。生态承载力是指"生态系统的自我维持、自我调节能力，资源与环境子系统的供容能力，以及其可维育的社会经济活动强度和具有一定生活水平的人口数量"[2]。对于滨海空间规划而言，承载力就是在维持海陆结构和功能不发生改变的基础上，滨海空间在规模与强度等方面所能承受的上限值。

在进行滨海空间规划时，需要充分考虑滨海空间的自然生态要素。考虑近海生态系统格局和海洋生物资源条件，在了解滨海湿地属性和生物栖息环境的基础上，对滨海空

1 冯利华，鲍毅新．滩涂围垦的负面影响与可持续发展策略［J］．海洋科学，2004，28（4）：76-77.
2 高吉喜．可持续发展理论探索——生态承载力理论、方法与应用［M］．北京：中国环境科学出版社，2001.

间进行合理布局，减少湿地资源破坏，并从二维和三维空间上为动植物资源的繁衍营造适宜的环境，逐步恢复并重构滨海空间的自然生态系统格局。

景观资源是另一方面的制约因素，滨海空间的土地价值在很大程度上受益于优美的滨海风光所带来的景观优势，也因其特殊的滨海区位而具有重要的景观展示价值。滨海空间的规划设计要求强化滨海空间岸线设计，提升岸线资源利用率，丰富亲水空间的营造；并保障海洋景观向滨海空间的充分渗透，打造极具滨海特色的城市空间，增强视线和景观的连通性；同时还要发挥滨海空间特色景观风貌展示的功能，这进一步要求打造符合设计美感的滨海空间，提升物质空间的层次性和丰富度，并在进行规划设计时调查分析城市的自然与人文景观资源条件以及景观建设与演变的趋势，明确城市未来景观特色所在。

3.2 滨海空间的特殊性及空间规划的基本原则

滨海空间与其他陆域空间及滨湖、滨河等滨水空间有一定的差别，是极具特性的空间区域，规划重点与内容等有一定的不同。本书对滨海空间的特殊性进行综合分析，并明确滨海空间规划的基本原则。

3.2.1 滨海空间的特殊性

滨海空间的特殊性主要体现在四个方面：海洋环境的首要性与制约性、自然生态的突出性与敏感性、地理区位的交界性与节点性、空间资源的稀缺性与限制性。

3.2.1.1 海洋环境的首要性与制约性

滨海空间不仅受到近海水动力等特殊海洋生态的影响，还受到海洋灾害的多重作用。复杂的海洋环境是滨海空间的首要特性和最强大的制约因素。

海洋环境是滨海空间区别于其他地理空间最为显著的特征，相较于内陆的河流和湖泊等滨水空间，滨海空间的水动力变化更加复杂，海洋灾害频发，风险性较高。另外，滨海空间常进行填海造地等人工工程，这些工程易使原有的水文动力环境发生改变，并引发一系列的连锁反应，使得岸线区域的地质形态和淤积状况改变，临海建筑或构筑物沉降，甚至对近岸的生态格局产生影响。

3.2.1.2 自然生态的突出性和敏感性

潮水运动带来了丰富的营养物质，近海的湿地滩涂为动植物种群的生存和繁衍提供了良好的环境，突出的优势使得滨海空间成为海洋动植物资源极为丰富的地区，滨海空间的自然资源条件相对于其他地理区域更为优越。

然而，滨海空间的自然生态系统也极具敏感性，容易受到人类活动的影响，失去原有格局的稳定性。一旦生态系统格局的平衡被打破，滨海空间的自然生态环境就会遭到立即显现的、不可逆的破坏，并且该破坏性还存在长期积累的效应。

3.2.1.3 地理区位的交界性与节点性

滨海空间地理区位极其特殊，其向陆作为大陆区域的最外圈层，处于城市空间的末端，向海作为对外门户和第一展示界面，处于重要的窗口位置。地理区位的交界性要求滨海空间规划加强末端性城市空间的基础资源配置，提高城市空间衔接性；并加强滨海空间规划的展示性和海域景观的渗透性。

另外，节点性也是滨海空间不可忽视的重要地理特性。滨海空间是海陆交通的重要节点，具备信息要素流通必要出入口的重要地位，在高度依赖海洋的外向型开放格局背景下，滨海空间的节点作用将愈发重要。地理区位的节点性对滨海空间的功能定位、开发模式提出了相应的要求，并影响空间规划设计和资源要素配置。

3.2.1.4 空间资源的稀缺性与限制性

滨海空间可利用的空间资源不足，表现出稀缺性与限制性的特征。稀缺性是指由于海岸带长度有限，我国现有的自然滨海空间用地范围极为有限，而限制性是指对于填海造地区域，其区域边界的确定也有强制性规定。

我国人均海岸线不足 1.3 cm，其中有很多都是滩涂和礁石，还有一些海滩人类根本无法接近。因此，海岸线资源非常珍贵，那些海岸沿线的用地也极其稀有。随着近年来沿海地区大量的开发活动，我国自然滨海空间已十分稀缺，加之国土空间规划提出对海岸带周边区域的保护，使得在沿海开发热度不减的情况下，自然滨海用地更为稀缺。而对于人工新建的填海造地区域，原《区域建设用海规划》是为了统筹大范围建设用海的合理利用而编制的，它对建设用海的功能和规模有着跨区域、全局性的统筹，并将填海造地的总面积、各人工岛的边界、防潮堤的位置与形式等作为规划的强制性内容，不得更改。

3.2.2 滨海空间规划的基本原则

滨海空间的海洋环境更为复杂，生态条件更为脆弱，地理区位更具优势，空间资源更为稀缺，有着多重制约和多种优势。综合前文所述的滨海空间特殊性，滨海空间规划应更加关注安全、生态、统筹、高效的设计理念，注意把握以下四项基本原则。

3.2.2.1 适应环境、保障安全

滨海空间海陆交界的地理位置，使其相对于其他地理空间面临着更大的安全风险。该区域存在着潮汐、波浪、海流等多种水动力因素及以风暴潮为代表的海陆灾害，当人为的工程开发改造了自然滨海的沙洲、滩涂，也使天然的海陆安全屏障瓦解，造成近海工程的稳定性受到不同程度的影响。而填海造地工程更是挑战复杂的海洋环境，将人工环境建设在海平面上，对该区域流系构成直接影响，造成水动力环境的改变并引发一系列的连锁反应，隐藏着更大的海洋灾害安全隐患。

因此，滨海空间规划必须保障空间的使用安全，明确滨海空间的灾害机理与特征，减少对近岸水动力要素的影响，降低海岸侵蚀、海水倒灌、水面上升的可能，建立防灾、控灾、避灾体系，使开发建设能够长久适应复杂的海陆边界环境，而不造成大量人员伤亡和社会经济损失。

3.2.2.2 尊重自然、保护生态

尊重自然是人类生产活动应当遵循的重要原则，现实的滨海空间规划常常会对自然环境产生较大影响，如填海造地等滨海空间改造的行为本身就是不尊重自然的表现，其会在短时间、小尺度范围内改变自然海岸格局，不仅对生态系统产生强烈的扰动，造成环境失去平衡，甚至会引发环境灾害。然而考虑到滨海空间建设用地紧张的局面和新填土地用地指标相对灵活的优势，填海造地工程又成为滨海空间规划中相对可行的选择。尽管如此，滨海空间改造并不能漠视生态环境，更不可以随意进行围填，必须以维持生态平衡、减少生态损伤、逐步恢复海洋生态环境为出发点。

因此，在进行滨海空间规划时，应当充分考虑海洋生态环境的特点，在分析和论证的基础上进行“合理的生态化空间布局”，减少对海洋水体运动以及生物资源的影响。同时，若滨海空间规划涉及填海空间改造，其空间形态设计需考虑围填之后的负面影响，包括环境容量改变、生态承载能力降低以及生态系统服务功能损失等环境问题，做好前瞻性分析，使规划设计的空间形态能够最大限度地符合生态环境可持续发展的要求。

3.2.2.3 统筹规划、合理布局

滨海空间特殊的地理区位要求形态设计做出相应反应。统筹规划是滨海空间开发得以顺利实施的基础，其不仅具有前瞻性，还具有落地性，使滨海空间布局在自然生态影响、区域功能定位、景观形态布置方面都具备合理性，对滨海空间的发展具有重要指导意义。

因此，在进行滨海空间规划时，宏观统筹考虑各项资源约束条件，在物质空间上提出合理的设计布局建议，并注重各类空间层次的统筹协调；另外着重考虑海陆统筹，将滨海空间与后方城市统一考虑，使其作为城市功能的有力补充；同样，在各类细节引导上也需注重统筹，如在滨海空间的天际线景观设计时应当统筹考虑滨海岸线等因素，使其相互形成呼应。

3.2.2.4 优化使用、提升质量

滨海空间开发的核心目的是将自然空间改造成为便于人类使用、利于区域发展的功能空间。我国滨海岸线具有明显的稀缺性特点，现有的滨海空间资源十分有限，而填海造地工程属于大型的人工构筑工程，需占用较大的海洋空间资源，投资规模大，耗用资源多。

因此，在滨海空间规划时应当坚持优化使用、提升质量的原则，充分彰显区位优势，减少空间资源浪费，使设计充分满足功能定位、景观生态、人群使用要求。设计要充分分析滨海空间及周边岸线的地理环境和资源状况，利用既有的自然和人工条件，将对海洋环境的影响控制在最小范围，完成土地资源的集约利用；紧密结合实际功能需要，发挥建设用地功能复合的优势，以高效集约的布局方式实现滨海空间的建设功能；充分利用岸线资源，提高岸线的使用效率，并通过空间形态的设计来进一步提升景观效果，营造人与海洋亲近的环境和条件。

3.3 滨海空间形态设计的工作程序与方法创新

滨海空间规划与一般陆域空间规划的根本区别在于对海洋环境的综合考虑及海洋资源的充分利用，因此本书参考国土空间规划编制技术要求中原用海规划的相关内容，对滨海空间规划中空间形态设计部分的内容进行梳理，明确空间形态设计在滨海空间规划中的位置及其工作框架，并提出滨海空间形态设计的方法创新。

值得注意的是，在本节内容中，主要参照原有的传统工作程序，对整个规划的编制

流程和主要工作步骤进行梳理。但在自然资源部成立及多规合一的全新背景下，会产生新的海岸带国土空间规划及新的滨海空间专项规划，相应流程可能发生一定的变化。

3.3.1 滨海空间形态设计在滨海空间规划工作环节中的位置

滨海空间规划包含了一整套复杂的分析和设计工作，既涵盖了宏观的区划定位，也包含具体的规划设计。本书所讨论的空间形态设计仅是滨海空间规划众多环节中的一个组成部分，而要做到科学地编制规划，就要理清空间形态设计工作在整个工作框架中的位置，以便更好地进行衔接。本书按照传统工作程序，参照国家海洋局在2011年印发的《区域用海规划编制技术要求》，进行内容梳理，但该项内容可能在未来多规合一的背景下发生更改。

从图3-4中可知，区域建设用海规划的编制需要综合考虑海洋功能区划[1]、城市相关规划（区域规划、城市总体规划等）以及各类专项规划（港口规划、交通规划、MSP[2]等），明确用海的具体功能和方式，进而从时间和空间两个维度落实具体规划方案。前者结合管理政策对规划实施进行保障，后者则为进一步的详细设计奠定基础。方案经过多项内容和指标的衡量，选择相对优秀的方案进行环境影响评价，符合要求后可以采用实施。本书所讨论的空间形态设计应归属于空间维度中的区域用海总体布局与区域用海平面设计两项工作环节。

3.3.2 滨海空间形态设计的工作框架

理清了空间形态设计在整个规划工作中的位置之后，就要进一步明确这一规划环节本身的工作框架和具体步骤。目前，规划中的空间形态设计工作尚没有统一的工作框架，缺乏一个有力的指导，不利于滨海空间规划科学性的体现，因此本书参照原有的传统工作程序，对空间形态设计的工作框架进行初步归纳，但该项内容可能在未来多规合一的

1 海洋功能区划是指根据海域的区位条件、自然环境、自然资源、开发保护现状和经济社会发展的需要，按照海洋功能标准，将海域划分成不同的使用类型和不同的环境质量要求的功能区用以控制和引导海域的使用方向，保护和改善海洋生态环境，促进海洋资源的可持续利用。（引自《全国海洋功能区划概要》，海洋出版社出版）

2 MSP（Marine Spatial Planning）即海洋空间计划编制，其充分考虑了海洋生态系统、社会发展和经济利益三个方面的目标。填海造地工程通常在此框架下规划和实施，是填海规划编制的重要参考依据，其动态管理过程已经成为目前国际上普遍落实EBM（Ecosystem Based Management，综合生态系统管理方法）的途径。（引自中国科学院学部咨询报告《我国围填海工程中的若干科学问题及对策建议》）

过程中被明确或更改。

空间形态设计虽处于整个用海规划的框架中，其上位规划已经提供了用海方式与功能的定位，但进行具体工作时，还要明确如何利用上位分析成果并开始落实本环节的工作，也就是要完成对既定的宏观战略和布局的具体空间落实工作。而作为一种面向实施的设计行为，空间形态设计要以客观现状为基础，充分掌握基础资料是设计科学性的保障。此外，用海规划从设计到施工再到后期的开发与管理都要面对许多复杂的问题，因而在设计时，就特殊环境的特征进行有针对性的探讨而非照本宣科是十分必要的。空间形态设计要对可能涉及的影响因素进行充分分析和论证，保证方案能够体现和解决实际问题，以实现优化使用效果的初衷。既有研究和相关文件中对用海总体布局与用海平面设计的主要内容分别规定为：落实平面设计的理念和基本思路，规划平面方案和形态，包括岸线等空间资源利用情况、岸线布置、景观设计等，并明确围堤的轴线布置以及标高等基本要素的确定；明确各类功能分区的主导产业，规划其范围和面积，还要结合不同的开发目的确定各类用地的规模等。[1] 空间形态设计参照其有关内容，可以明确设计重点。

综合上述内容，结合用海规划的整体工作流程，本书对空间形态设计的工作框架进行初步归纳（图 3-5）。按照这一工作框架，进行空间形态设计的首要工作就是通过上位规划确定用海区域的具体定位和发展目标，并从各类专项规划中筛选本区域应当注意的问题和要点。在落实上位规划内容之后，要系统地收集和分析基础资料，对用海区域的自然状况和社会经济状况有详细的了解。之后，对用海区域的环境要素进行分解，从各类要素中选出起主导作用的资源环境约束条件作为设计的核心结合点。通常情况下，物理环境，即海洋水动力环境、气象灾害、生态环境、资源状况以及城市综合功能等为普适性要素，是此类规划需要共同关注的内容。而对于许多特定的用海地区，某一方面的要素特别突出或者有其他特殊因素的，则应具体问题具体分析。空间形态设计最重要的工作就是结合分解的要素来具体探讨对应的空间设计方法，最终方案的形成就是在其基础上的综合。最后，还要进行方案的比较，在条件允许的情况下对选择方案进行模拟验证，以保证空间形态设计的合理性。

3.3.3 滨海空间形态设计的方法创新

3.3.3.1 分要素——综合考虑多资源环境约束条件

如上文所述，滨海空间主要受到近海水动力等海洋生态环境、复杂多变的海洋气候

---

1 国家海洋局 . 国海管字［2011］105 号 . 区域用海规划编制技术要求［S］. 2011.

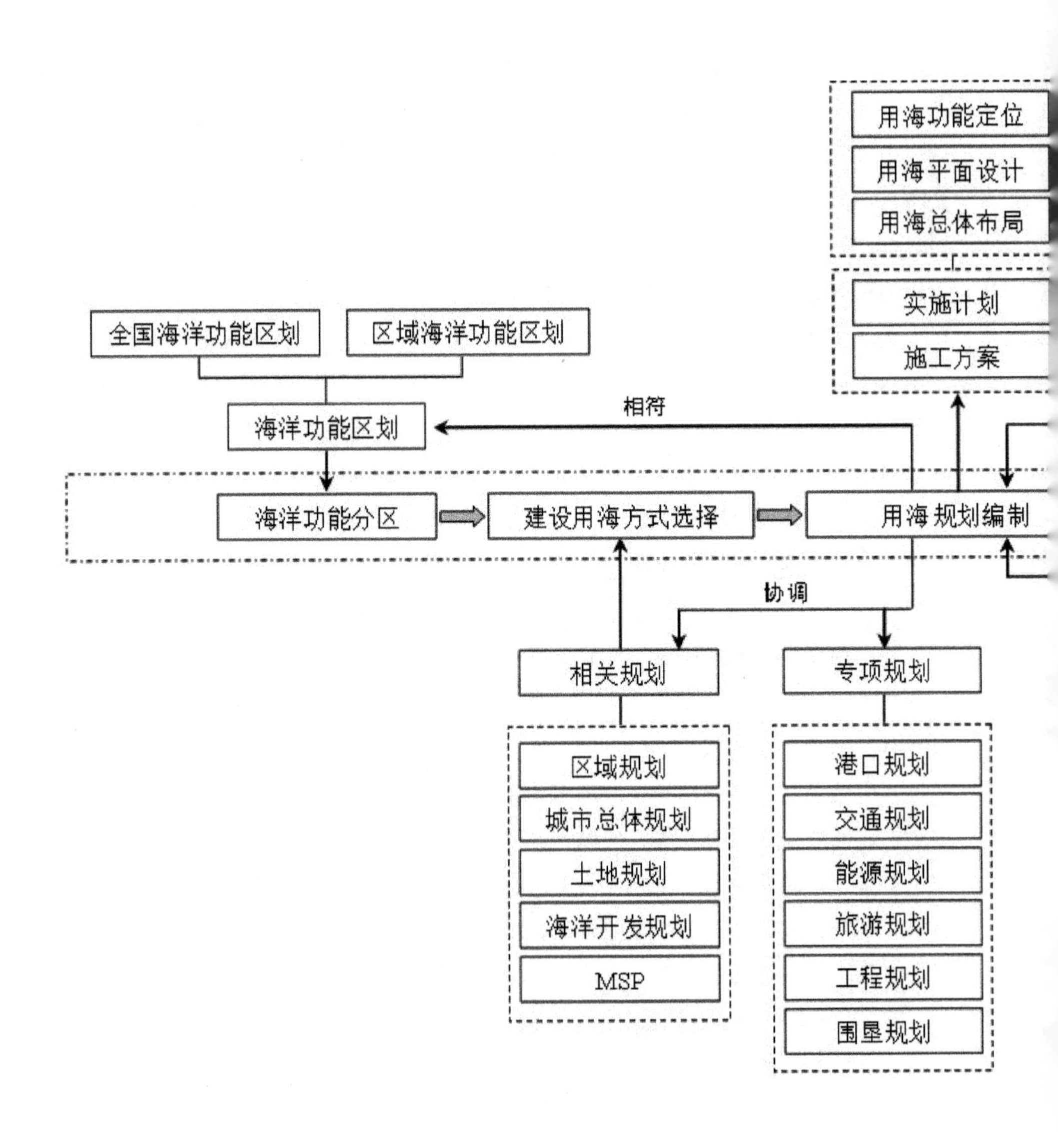

图 3-4　规划编制流程及主要内容
资料来源：参考整理自国家海洋局在 2011 年印发的《区域用海规划编制技术要求》。
注：该项内容可能在未来多规合一的过程中被取消或被整合更改。

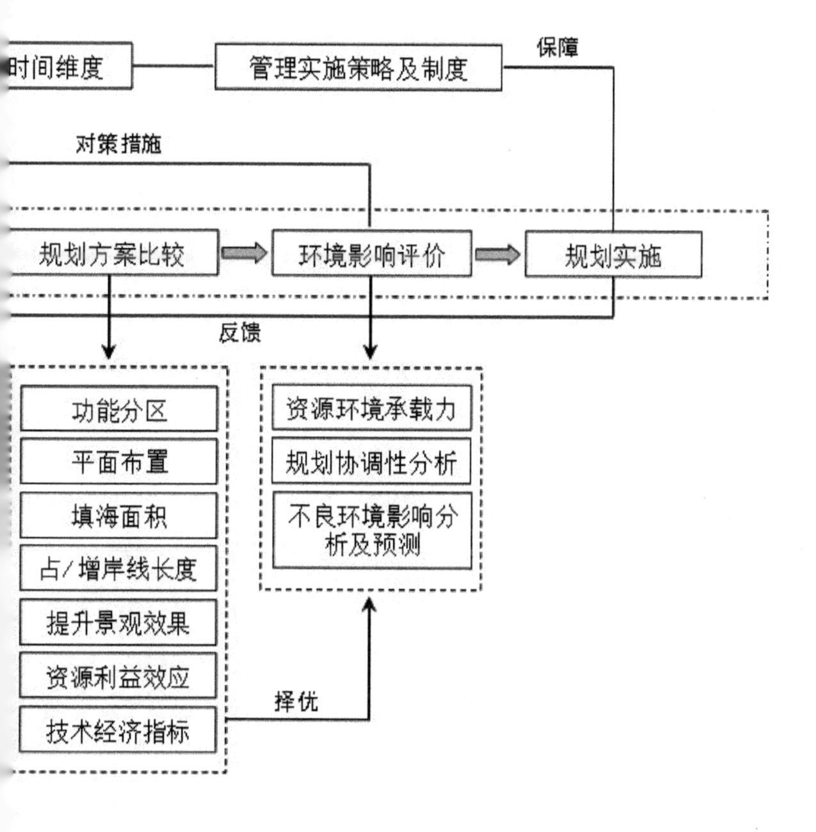
空间维度
时间维度
管理实施策略及制度
保障
对策措施
规划方案比较
环境影响评价
规划实施
反馈
功能分区
平面布置
填海面积
占/增岸线长度
提升景观效果
资源利益效应
技术经济指标
择优
资源环境承载力
规划协调性分析
不良环境影响分析及预测

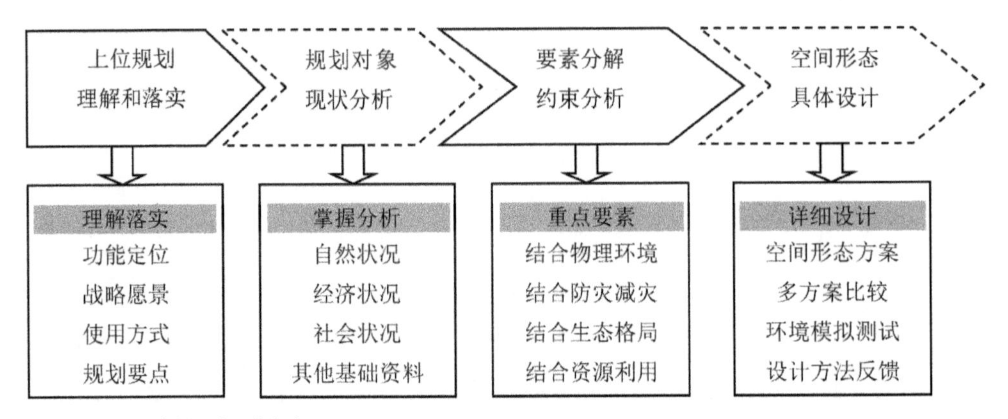

图 3-5　空间形态设计工作框架
资料来源：作者自绘。
注：该框架为作者初步归纳成果，可能在未来多规合一的过程中被明确或更改。

和海洋灾害、产业功能及开发模式、自然生态格局及景观资源的资源环境约束。因此，本书进行要素创新，分别从海洋生态、综合防灾、产业景观的角度，提出滨海空间形态设计的方法。并综合考虑各种资源环境约束条件，形成多资源环境约束下的空间形态设计方法。

3.3.3.2 分地域——系统针对填海造地区域和海岸带地区

滨海空间就地域而言，泛指整个海岸带地区，包含填海造地区域和直接滨海岸线区域两大部分。其中，填海造地区域作为人工改造强度最大、地理位置最为前沿的区域，具有极强的地域属性，需进行专门分析。而直接滨海区域特殊性相对较弱，且在设计时常与填海造地区域一同考虑，共同构成海岸带地区的整体规划，单独分析的价值较低且难度较大。因此，本书进行地域创新，就滨海空间的特殊地域——填海造地区域及滨海空间所包含的整体海岸带地区进行空间形态设计，以形成既富系统性又具针对性的设计方法。

3.3.3.3 分结构——内容包含平面组织、空间规划和竖向设计

本书一、二两个章节通过对国内外滨海空间的相关研究及实践案例进行了总结分析，揭示了滨海空间形态设计的优化方向——建设空间层次协同的优化方法。滨海空间形态设计的内容不仅涉及二维的平面组织，还包含立体的竖向设计和三维的空间规划。因此，

本书进行结构创新，建立平面组织、竖向设计和空间规划相统一的综合优化方法，保障空间形态设计的全面性和可实施性。

3.4 多资源环境约束下滨海空间形态设计重点内容

考虑到滨海空间的特殊性及特有的资源环境的约束条件，滨海空间的空间形态设计应有所侧重。本节对滨海空间形态设计的重点内容进行介绍，明确平面组织、竖向设计、空间规划的界定范围，并对各重点内容的概念定义、分类方法、影响因素进行详细阐释，为后文阐述各种资源环境约束下的滨海空间形态设计提供基础。

3.4.1 多资源环境约束下滨海空间的平面组织重点内容

本书中，滨海空间的平面组织特指整体空间平面及岸线形态的组织。填海造地区域作为自然海域中通过人工填筑而获得的陆域土地及岸线资源空间，平面位置、形态等均在较大程度上受到空间形态设计的影响和制约，使其成为改变和制约滨海空间岸线形式和平面空间布局的关键。因此，书中滨海空间的平面组织特指填海造地区域的平面组织及岸线设计。其重点内容包括填海造地区域与陆域的相对位置关系、填海造地区域的边界形状、填海造地区域的岸线形式以及填海造地区域的平面组合范式。

3.4.1.1 填海造地区域与陆域的相对位置关系

填海造地区域的位置分为绝对位置和相对位置。绝对位置是指用经纬度、海拔高度体现事物与地理现象的空间关系[1]，而相对位置表示某一事物与周围地理环境要素和条件的空间关系。在进行平面组织时多选用相对位置这一表征概念，即填海造地区域与原有滨海岸线的位置关系及与城市整体结构的空间联系。

对于填海造地区域与原有滨海岸线之间的位置关系问题，参照刘挺（2010）等学者的论述，将其归纳为三种主要类型（图 3-6），即：

（1）填海造地区域与原有岸线相交

填海造地区域沿着原有滨海岸线向外延伸，与原岸线形成一体，并依新填筑用地边

1 全国科学技术名词审定委员会 . 地理学名词［M］. 2 版 . 北京：科学出版社，2007.

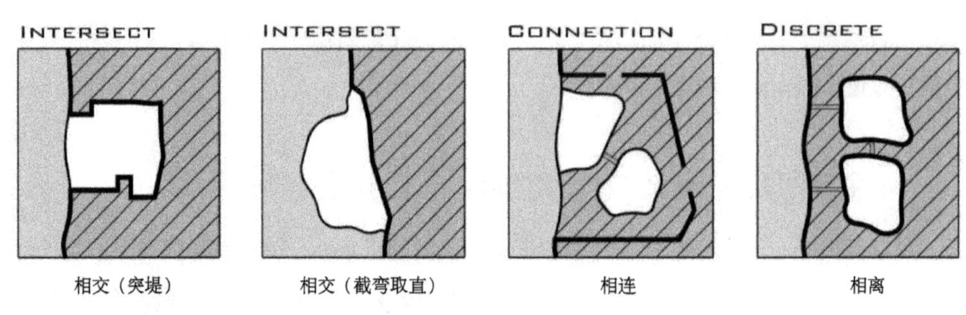

图 3-6　填海造地区域与陆域的相对位置关系
资料来源：作者自绘。

缘修筑防波设施与原有岸线相连。这种相交的位置关系对应两种形态模式：一种是截弯取直式，即沿原有海湾处内凹的岸线向外填，将整个海湾作为造陆区并重新填出平直的岸线；另一种为突堤式，即由岸线向海填筑海堤，并在海堤两侧进行填筑。

（2）填海造地区域与原有岸线相连

填海造地区域边缘构筑与原有岸线相连的连续防波堤，堤内填筑人工岛，其新填筑的用地单元本身与原有岸线可连接或者不连接，体现为独立人工岛、人工半岛或者两者结合的形式。

（3）填海造地区域与原有岸线相离

填海造地区域远离原有岸线，新填用地单元以单个或多个独立人工岛的形式体现，其周边的防波设施也各自进行组织，与原岸线不发生直接关联。

填海造地区域位置的选择受到近海潮流特征、海洋气候及海洋灾害、近海自然生态格局等海洋环境制约，也需考量显著地理区位的产业功能要求以及工程开发的经济效益平衡等影响因素。因此需在平面组织上综合考虑生态、效益等多方制约要素，合理确定填海造地区域与陆域的相对关系，并准确考量岛岸间距等相关问题。

3.4.1.2 填海造地区域的边界形状

通过对国内外已经完成或者规划完成的填海造地工程项目的研究，可将填海造地区域的土地单元的外轮廓形状归纳为以下几种类型（表 3-2）。

填海造地区域的边界形状受近海水动力环境等海洋环境的制约，也受区域开发模式及功能定位的影响。一般来说，边界平缓与否对水动力环境维持有一定的影响，而不同的几何边界又分别适用于不同产业功能区域。因此，需在平面组织上对有机形边界及各类几何形边界的多种利弊进行综合考量，合理确定填海造地区域的边界形式。

表 3-2　填海造地区域的边界形状

形状		图示	案例原型	案例平面
基本几何形	三角形	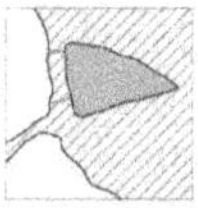	美国 / 佛罗里达 港岛 Harbour Island	
	正方形	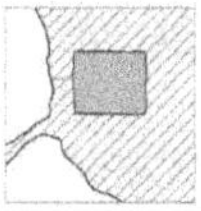	日本 / 川崎 奥卡瓦港 Okawa	
	矩形	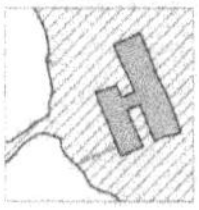	日本 / 大阪 关西国际机场 Kansai International Airport	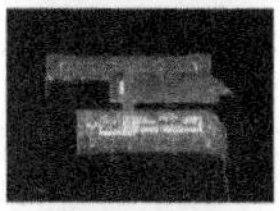
		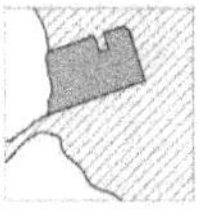	中国 / 天津 临港工业区 Harbor Industrial Zone	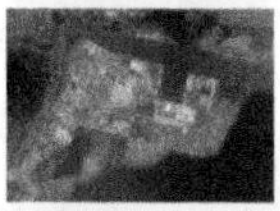
	梯形	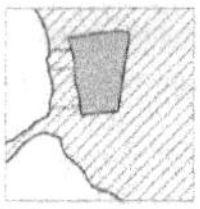	日本 / 神户 芦屋浜 Ashiya Island	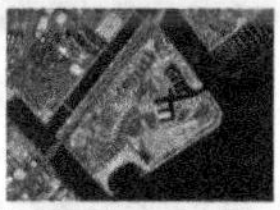
		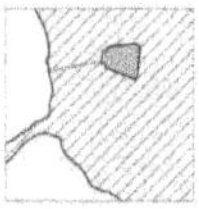	美国 / 加利福尼亚州 灵康岛 Rincon Island	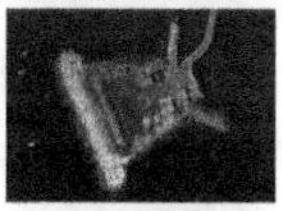
	多边形	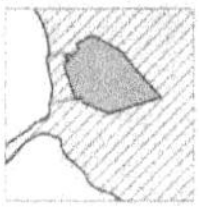	日本 / 神户 神户人工岛 Kobe Artificial Island	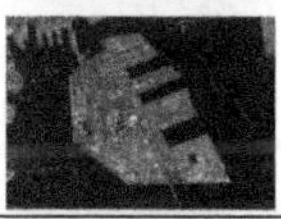
	圆形	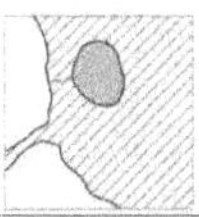	阿联酋 / 迪拜 世界岛 The World Islands	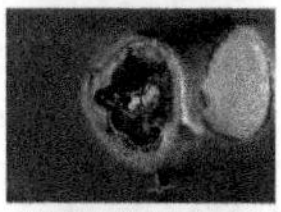
	长圆形	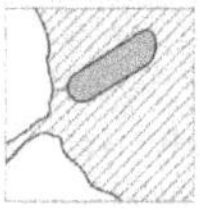	中国 / 海南三亚 凤凰岛 Phoenix Island	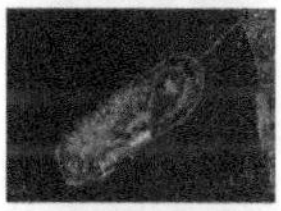
特殊几何形	新月形	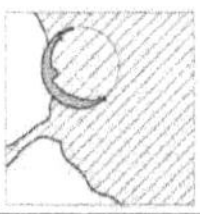	巴林 人造海上乐园 Durrat Al Bahrain	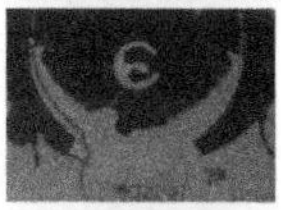
	弧形	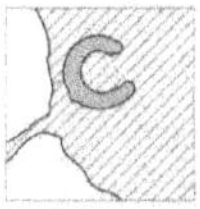	巴林 / 穆哈拉格 安瓦吉岛 Amwaj Island	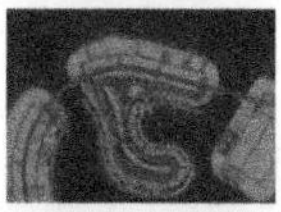
	棕榈叶形	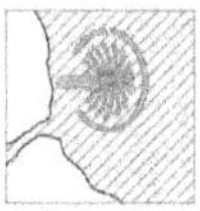	阿联酋 / 迪拜 朱美拉棕榈岛 The Palm Jumeirah	

表 3-2　填海造地区域的边界形状（续）

形状	图示	案例原型	案例平面
有机形		美国 / 佛罗里达 布拉夫岛 Indian Bluff Island	
		新加坡 / 新加坡市 裕廊岛 Jurong Island	
		俄罗斯 / 索契 迷你俄罗斯项目 Mini Russia Project	

资料来源：图示为作者自绘，案例平面图片来源为 Google 地图。

3.4.1.3 填海造地区域的岸线形式

从既有的工程实践或规划设计中可将填海造地区域的岸线形式归纳为平直型、弧线型和自然型三种（表 3-3）。

填海造地区域的岸线形态受到近海水动力环境、海洋气候及灾害、滨海自然生态格局等海洋环境的制约，也受到工程经济效益、产业功能定位、景观资源条件等其他因素的影响。因此在平面组织上，需对岸线功能、岸线亲水性、岸线曲直与水流运动变化规律等因素进行考量，综合确定填海造地区域的岸线形式。

表 3-3　填海造地区域的岸线形式

岸线形式	案例原型	图示	特点
平直型	日本 / 神户人工岛		包括直线型和垂直折线型两种，便于施工建设，造价成本相对较小，但提供岸线长度有限
弧线型	阿联酋 / 迪拜棕榈岛		能从一定程度上增加岸线长度
自然型	俄罗斯 / 索契迷你俄罗斯		岸线形态丰富，但造价较高

资料来源：作者自绘。

3.4.1.4 填海造地区域的平面组合范式

从平面构成的要素来看，填海造地区域的平面组合布局主要是“点”和“线”的构筑，其中，点是指新填出的土地单元，而线则是指各个土地单元的交通连接。由于新填土地单元的性质和特征不同，加之其在整个填海系统中拥有不同的功能和位置，因而单元之间的相互组合关系趋于多样，所涉及的关系因素也不尽相同。但综合来看，各类组合方式主要考量各个“点”的相对位置关系、相对规模大小以及交通连接形式。

从既有的案例分析和借鉴城市组团规划的相关手法，填海造地区域的组合方式可划分为整体型与多区块组合型两类（表 3-4）。整体型是多个填海区块连接在一起，彼此没有分离。这一类型具体包含三种形式：

①整块式——填海区块为完整而独立的人工岛或半岛的形式，轮廓边缘平整。

②水道式——填海区块被若干窄小的水道划分（一般 20 m 宽度以内），但其用地平面整体联系紧密，仍为完整区块。

③内湾式——填海区块包含一个或多个圆形内湾，使得用地宽窄结合，大小不一，整体上仍为一个完整的填海区块。

多区块组合型按照组合方式可划分为五种组合模式：

①散布式——相对独立且规模较为接近的离岸人工岛形式的新填用地单元，排列可自由散布，也可有秩序分布。各个填海单元不仅是功能的集聚点，也承担着交通转换的职能。这一组合形式布局较为灵活，也便于独立功能组团的设置，但其交通导向性不强，组织复杂。

②放射式——新填土地单元有主次之分，主体单元规模较大，其余相对较小。以主体单元为核心，是填海主体功能的聚集。周边的小区域则分担独立职能，呈放射状居于主体单元周围。这种组合方式平面形态主次分明，结构清晰，便于产业功能的灵活注入，可实现土地集约高效的使用。

③并联式——由交通性主干区域对各个填海单元进行连接，形成主干骨架——分支的组合形态，小单元有选择地开放其边界与主干相连。该组合方式交通导向性明显，平面形态结构清晰，主次分明，平面形态布局紧凑，但空间灵活性较弱。

④串联式——填海单元顺岸排开，由一条或多条交通设施（桥梁、隧道）进行串接，使填海单元主要呈现线性排布的组合形式。

⑤复合式——复合式是上述几种组合的综合形式，集成了每种组合的优点，平面结构复杂而丰富，往往规模较大。

表 3-4　填海造地区域的平面组合范式

类型	模式	图示	案例原型	案例平面
整体型	整块式		中国 / 香港 赤鱲角国际机场	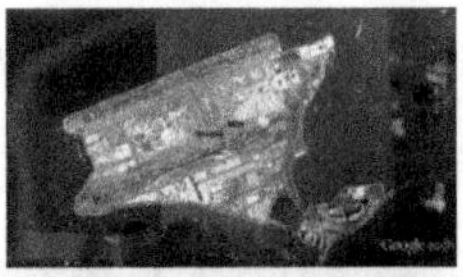
	水道式	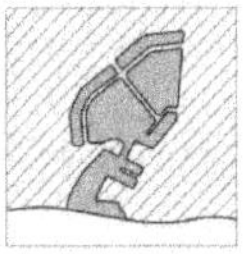	美国 / 佛罗里达 Bird Key 岛	
	内湾式		卡塔尔 / 多哈 珍珠岛	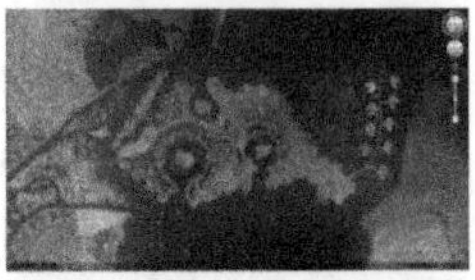
多区块组合型	散布式		阿联酋 / 迪拜 世界岛	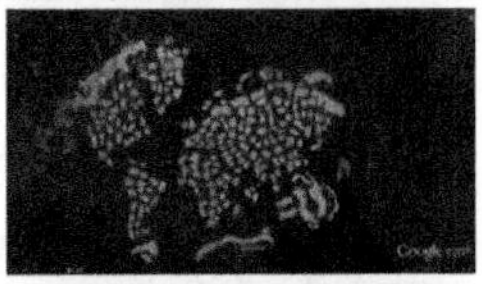
	放射式		日本 / 东京 品川区 - 大田区沿岸人工岛群	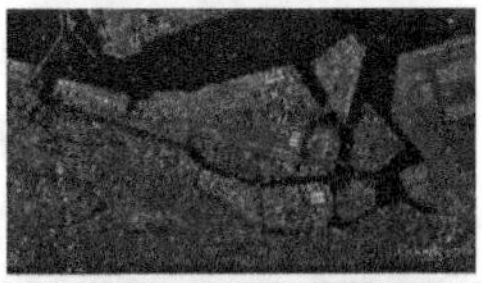
			巴林 人造海上乐园	
	并联式		美国 / 迈阿密 北迈阿密人工岛	
	串联式		日本 / 神户 芦屋市沿岸人工岛群	
	复合式	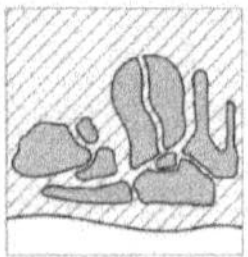	美国 / 迈阿密 瑟夫赛德人工岛	

资料来源：图示为作者自绘，案例平面图片来源为 Google 地图。

填海造地区域的平面组合范式不仅受到近海水动力环境、海洋气候及灾害等海洋环境的制约，还受到产业功能定位等经济社会因素的影响。因此需综合分析各类范式的优劣，根据现实条件综合确定填海造地区域的平面组合范式，对于除整体型的整块式以外的其他范式，还需合理确定岛岛间距以及内湾形式及宽度等相关问题。

综上所述，滨海空间地平面组织应重点考虑填海造地区域与陆域的相对位置关系、填海造地区域的边界形式、填海造地区域的岸线形式以及填海造地区域的平面组合范式等具体内容。这些内容均在不同程度上受到海洋生态环境、海洋灾害等自然因素及功能定位、景观资源等社会经济因素的影响。本书的重点即从不同资源环境制约条件出发，探求这些内容的最优解。

3.4.2 多资源环境约束下滨海空间的竖向设计重点内容

滨海空间的竖向设计是指空间要素在竖向界面的空间设计，强调单项要素的立体组织和工程规划。滨海空间竖向设计主要受防灾要求的制约，也在一定程度上受到景观生态的影响。在进行滨海空间规划时，需考虑沿海风暴潮等核心原生灾害源的发展变化过程，分析该过程对滨海空间的冲击及对滨海空间增水分布和极值水位的影响，从而研究填海造地区域的防护护岸、滨海空间的排水系统、道路系统以及建成环境等重要内容，确定设施工程、相对高程、道路截面、节点竖向关系等基本控制要素。

3.4.3 多资源环境约束下滨海空间的空间规划重点内容

3.4.3.1 滨海空间（海岸带）的岸线规划

岸线规划是对滨海空间整体的岸线资源管控，包括退缩距离划定、岸线空间设计等内容。岸线规划受到综合防灾、产业更新与生态景观等多种要素约束。需注重对风暴潮灾害的抵御，合理采取岸线布局；关注对生态环境的保护，根据实地功能，加强对退缩距离的管控。

3.4.3.2 滨海空间（海岸带）的空间容量与指标

空间规划的容量与指标包含建筑密度、容积率、建筑高度等开发指标，决定了单一地块的开发强度和整体空间的天际线效果。空间容量与指标受到海洋灾害、产业功能定位等多种要素的影响。因此需综合考虑防火间距、沉降荷载及防护、污染防护空间等安全性要求，产业功能定位及滨海开发经济效益等经济性要求，以及生态景观和人的活动需求等城市设计要求，通过定性对比分析和定量计算模拟，测算滨海空间的空间容量合理区间，合理确定滨海空间规划中建筑容积率、单位密度、限高、D/H 比、建筑面宽等控制指标的阈值与要求。同时还需基于各项约束条件，从整体空间进行考虑，结合滨海空间的平面尺度和岸线形态，进行高度分区及层次分析，确立要素及感知场所，合理确定具有文化性、层次感以及标识意义的天际线。

3.4.3.3 滨海空间（海岸带）的建筑空间布局

滨海空间的建筑布局包含三个层面：一是滨海空间整体的建筑组织所形成的空间格局；二是一定区域范围内建筑群的组团布局；三是建筑单体的具体空间设计。滨海空间的建筑空间布局受到综合防灾、产业功能、生态景观等多种要素约束，需在宏观上合理确定建筑布局原则以展现有特色的城市景观风貌；在中观上合理进行建筑排布，抵御灾害影响；在微观上精细建筑设计，增强空间韧性。

3.4.3.4 滨海空间（海岸带）的道路交通布局

滨海空间的道路交通布局包含道路网络的空间格局、层级分类，慢行系统的内容设计、规划布局，以及静态交通和公共交通的组织等多项内容。滨海空间的道路交通布局受到综合防灾、产业功能等多种要素制约。需综合考虑泄洪通道、疏散避险通道、功能联系通道、慢行休闲通道等不同功能需求，在空间上进行结合布置，理性布局；同时组织各类交通设施，以满足滨海空间的基本需求。

3.4.3.5 滨海空间（海岸带）的绿色开放空间布局

滨海空间的绿色开放空间布局包含两个层面，一是指整个滨海空间的绿色开放空间组织所形成的区域空间格局，包含廊道、组团、轴线的组织等；二是指绿色开放空间的具体规划设计，即开放空间的功能性、公共性、可达性、亲水性设计等内容。绿色开放空间受到综合防灾、产业功能、生态景观等多因素价值影响，需考虑绿色开放空间的体系建立，定义开放空间的平灾功能，研究滨海绿色开放空间网络的设计方法。

综上所述，滨海空间的空间结构设计包含岸线规划、空间容量与指标、建筑空间布局、道路交通布局、绿色开放空间布局等重要内容。这些内容都需要在不同程度上考虑海洋灾害等自然因素及城市产业功能定位、生态景观要求等社会经济要素的影响。本书在后面将具体阐述各因素的影响机制和规划策略，探求不同资源环境约束下的最优空间结构设计。

接下来的三个章节将分别从海洋生态、综合防灾、产业更新与生态景观塑造的视角，讲述各资源环境约束下滨海空间形态设计的重点内容及设计方法（表 3-5），并于第 7 章进行总结，讲述多资源环境约束下的滨海空间形态设计方法。

表 3-5　各资源环境约束下的滨海空间形态设计重点内容概览

<table>
<tr><th>约束条件</th><th>地域</th><th>设计内容</th><th>具体内容</th><th>对应章节</th></tr>
<tr><td>海洋生态</td><td>填海造地区域</td><td>平面组织</td><td>与陆域的相对位置；边界形状；岸线形式；平面组合范式</td><td>第 4 章</td></tr>
<tr><td rowspan="4">综合防灾</td><td rowspan="2">填海造地区域</td><td>平面组织</td><td>与陆域的相对位置；平面组合范式</td><td rowspan="4">第 5 章</td></tr>
<tr><td rowspan="2">竖向设计</td><td>防护护岸</td></tr>
<tr><td rowspan="2">海岸带地区</td><td>排水系统；道路系统</td></tr>
<tr><td>空间规划</td><td>岸线规划；空间容量与指标；建筑空间布局；道路交通布局；绿色开放空间布局</td></tr>
<tr><td rowspan="3">产业更新与生态景观塑造</td><td rowspan="2">填海造地区域</td><td>平面组织</td><td>边界形状；岸线形式；平面组合范式</td><td rowspan="3">第 6 章</td></tr>
<tr><td>竖向设计</td><td>防护护岸</td></tr>
<tr><td>海岸带地区</td><td>空间规划</td><td>岸线规划；空间容量与指标；建筑空间布局；道路交通布局；绿色开放空间布局</td></tr>
</table>

资料来源：作者自绘。

第 4 章　海洋生态约束下的滨海空间形态设计

海洋生态是指海浪、潮汐、海流等滨海特有的水文环境因素。海洋生态是最具近海特性的资源环境约束条件，其约束地域较窄，主要对处于海陆交接最前沿的填海造地区域产生制约效果。海洋生态制约内容的特定性也较为明显，主要对二维的平面位置、组合及岸线形式等平面组织相关内容进行制约，对三维立体、整体格局的竖向设计和空间规划制约较少。因此，本章主要就滨海空间形态设计中的填海造地区域平面组织进行探讨，通过水动力模型的模拟，确定具体的影响机制，探索最优的设计结果，从而得出海洋生态约束下填海造地区域的平面组织要点。

4.1 海洋生态约束与水动力模拟模型

4.1.1 海洋生态环境对填海造地区域平面组织的制约

近海地区存在着多种水动力因素，包含潮汐、波浪、海流以及冰凌等在内的主要动力构成，影响着填海造地区域的地形地貌与生态格局，其动态特征也成为影响近海工程建设的重要因素。其中，波浪是浅海动力中最重要和最复杂的要素，是影响海岸演变、近海工程稳定性的决定因素。受到波浪流的作用，近海地区形成了由向岸流、沿岸流和离岸流组成的近岸流系（图 4-1）。

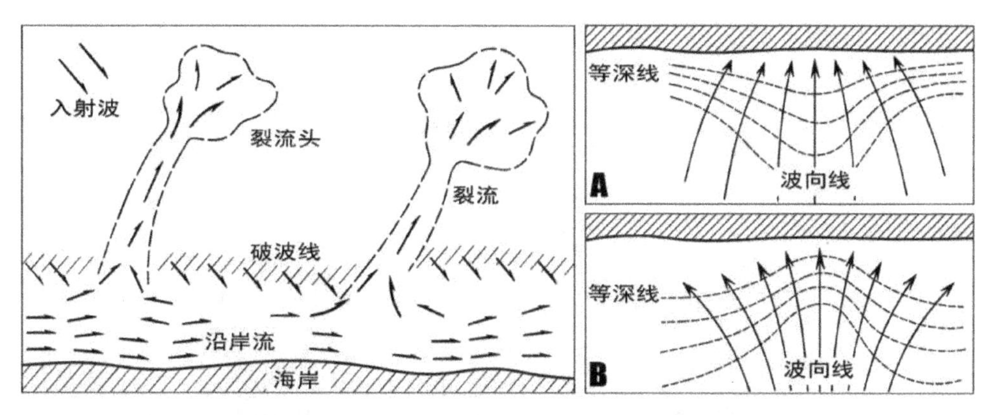

图 4-1　近岸流系及波浪折射影响示意（A 为海底脊岭，B 为海底峡谷）
资料来源：参考整理自《海岸及近海工程》及吴宋仁、严以新的《海岸动力学》（人民交通出版社出版，2000 年）。

填海造地工程在此区域建设，会受到该流系的直接影响，也会造成水动力环境的改变。一方面，填海造地区域受到流系中不同水流力的影响，其自身的稳定性会受到两个层面的作用：一是动力要素通过波浪力直接作用于填海土地；二是波浪作用引起填海造地区域周边海底的冲刷。另一方面，填海对于水动力因素性质的改变会造成对应岸线区域的地质形态和淤积状况改变（图 4-2），也会对近岸的生态格局产生影响。这一改变会进一步增强近海动力要素性状的变化，形成连锁式的影响。因此，要实现填海造地区域的可持续发展，就应当从设计环节开始，减少填海造地工程对近岸水动力要素的影响。在平面组织上，这一问题主要表现为填海造地区域平面的位置选择和边界形状等。

填海造地区域的位置选择受到海洋生态的制约。从宏观位置选择来说，城市若选择内湾地区填海，需要比在直接面向外海的区域填海更加注意水动力环境的改变。这是由于内湾地区的水流运动因地形因素而更易受到海上工程的影响。具体到填海造地区域与陆域的相对位置关系选择上，在三种关系中，相交是将岸线直接向近海推进，使填海区伸出，会直接阻挡沿岸流，对近岸流系产生直接影响，因而这是对水动力破坏最严重的一种。相连的位置由于防波堤与岸线保持一体，也会从一定程度上阻挡沿岸流，但许多工程在实践中采用防波堤开口（图 4-3）的方式来保证海流的通过，虽然可以适度缓解不利影响，但仍会造成流速减缓，影响泥沙运移。相离的位置关系由于脱离原有岸线并与之保持一定的间距，可以使沿岸水流顺利通过，是对近海水动力

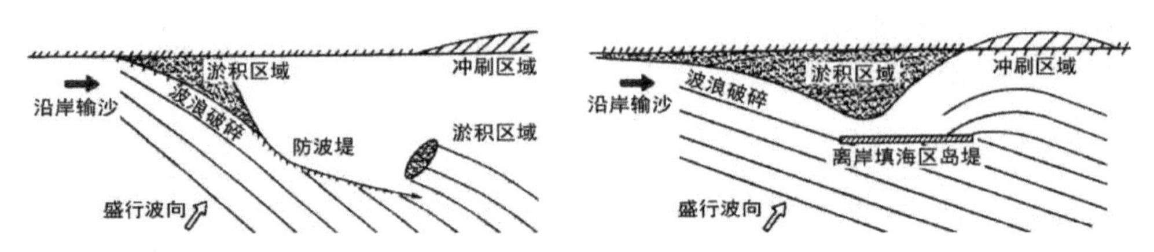

图 4-2　单突堤式（左）与离岸式（右）填海造地区域对海岸冲淤影响示意
资料来源：参考整理自《港口规划与布置》。

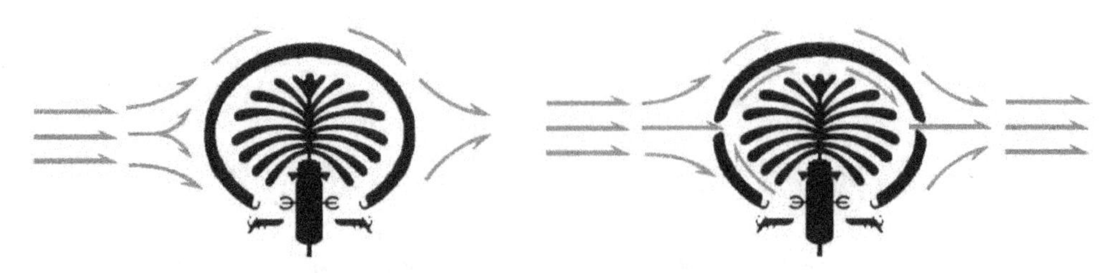

图 4-3　迪拜棕榈岛通过防波堤开口方式改善填海造地区域的水动力环境及水体循环
资料来源：作者自绘。

属性影响最小的位置关系。因此，从维持近海水动力性质与生态特征的角度出发，应当首选离岸式的填海平面位置关系。

虽已确定离岸式的位置关系是海洋生态约束下的优先选择，但对于离岸式的填海造地区域，还需进行进一步的岛岸相对位置关系探究。“当与对应岸线的间距较近时，填海造地区域后方掩护区内的绕射波高变小，沿岸流输沙将在掩护区内沉积，对应的下游区域因泥沙来源不足，破碎波与沿岸流共同作用将对下游岸线造成冲刷侵蚀。”因此，合理控制离岸式填海造地区域与陆域之间的间距对维系岸线形态和泥沙平衡至关重要。从近岸流系的构成上看，到达近岸时受到海底地形变化影响而产生破碎引起沿岸流和向岸流，并作用于泥沙运动，破波线以内是近岸流较为显著的区域，因而填海造地区域的位置选择应以此为重要依据。“破波线以内的沿岸流大小通常由波浪入射角、破碎波高以及海岸的坡度等因素综合决定”[1]，在进行平面组织时，要结合选址位置的海洋水文信息来估算沿岸流的主要作用范围，使填海位置避开其过程区域。离岸距离对海洋生态环境的影响已受到学界的关注，谢世楞院士就曾研究填海造地区域的离岸间距与填海造地区域尺度的比值对水动力环境及对应岸线冲淤程度的影响。

填海造地区域的边界形状也会影响海洋生态环境。填海造地工程是短时间内形成的高度人工化的海上地貌塑造行为，其形状完全由人为决定，这就给相关的设计工作提出了要求，即以何种边界形状能够最大限度地接近自然水动力作用下的稳定状态。根据水力学的有关知识，水体沿物体边界流动的过程中若遇到接触界面出现形状和大小改变，或者局部存在障碍的情况，水流就会在相应的位置产生紊动，其平顺的运动状态会被打破，并伴随产生因水流运动能量的损失而出现旋涡等现象，对填海造地区域岸线以及周边海底环境的稳定性产生不利的影响，同时，水流紊动扰乱了界面周边泥沙的运动条件，破坏泥沙运移平衡，使接触界面形态改变处产生局部的冲刷和淤积（图 4-4）。因而在进行填海平面形态规划时，考虑流体属性和动力条件，并在其基础上选择合理的平面形状是非常必要的。若要使填海造地区域获得稳定的水动力环境，关键是减少对波浪的影响，

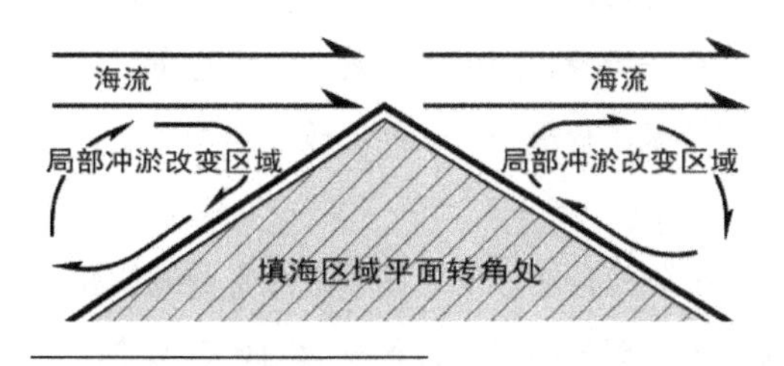

图 4-4　填海造地区域转角处形成局部冲淤改变
资料来源：作者自绘。

1 吴宋仁，严以新．海岸动力学［M］．北京：人民交通出版社，2000.

使潮流尽量保持平顺运动，并减少局部的冲刷和淤积。

填海单元在各自形态选择上需考虑水动力环境，并合理规划有利于区域稳定性的平面形状。当若干单元组合在一起时，不仅要从整体上保证水动力环境的维护，也要对其内部水体的流通与循环进行专门的研究和设计。填海造地区域的平面组合范式直接影响到其内部水体循环的水动力条件。当水流经过时，潮汐、洋流、河流等水动力条件造成的水位差成为区域内部水体流动的动力，促使其在不同单元之间循环流动。填海单元之间的水道是这种循环运动的路径，保持其畅通是实现填海区内部水环境质量的保障，因此需选用合理的平面组合范式，实现单元之间水道的平稳畅通。

4.1.2 水工生态模型的基本介绍

前文明确了海洋生态环境会对填海造地区域的平面组织产生制约效果，但具体的设计方法还需要进一步探究，因此可通过对海洋生态环境进行模拟监测，探索最优的设计结果。监测、模拟近岸海洋生态环境约束变化的载体和途径较为丰富，其中最具代表性的基础决定性载体是海域水体的循环能力，因为其强弱不仅可以影响水体交换、泥沙清淤等物理过程，同样会作用于水质、微生物环境乃至鱼类生存等化学生物过程。由此，基于环境流体动力学的水工生态模型是实现本书研究目标的有效途径。通过对不同的平面组织要素进行环境流体动力学的水工生态过程模拟，是判断不同方案对近海海域生态环境的影响、比较方案优劣，进而总结相关设计准则的重要途径。

本书采用EFDC（Environmental Fluid Dynamics Code）三维数学模型进行水动力模拟。EFDC模型最早是由美国弗吉尼亚州海洋研究所Amrick等根据多个数学模型集成研发的综合模型，其基本原理是通过对研究对象的三维网格矢量切分，应用不同数学模块，模拟该区域在一定时间段内的流体运动过程，从而定量化地验证研究对象对环境的影响程度。其在国内外已有广泛应用，在河口、水库、湖泊以及海洋等水域均可应用。

在具体模拟技术路线上，本书研究假定填海造地区域的规模恒定条件下，进行不同平面组织方案（以典型工况组的形式呈现），在一定模拟海域流场内，对周边海域的水体动力学特征（流场和流速的变化）和水体交换率进行模拟，从而比较不同平面组织要素的环境扰动差异。

在水体动力学特征的模拟中，为了科学、准确地分析不同方案对近海水域流场和流速的影响，并便于表述其变化规律，研究者将整个潮汐的模拟过程分为四个典型阶段，即涨急时段、高潮时段、落急时段、低潮时段，以分别表征潮水快速上涨、保持较高水位、快速下降和保持较低水位。其对应的流场分别为涨急流场、高潮流场、落急流场和低潮流场。而在模拟结果的价值判断上，水体流场改变越小，产生的环流等不利流场越少的方案越佳，流速相对较大的方案也更利于水体的循环，从而综合判定不同方案在不同流场下和全天过程中的综合环境影响。

在水体交换率的模拟中，利用公式计算水体交换率，分析工程的水体交换能力。

$$p = \frac{\sum (c_0 - c_i) v_i}{\sum c_0 v_i}$$

式中，p 为水体交换率；c_0 为初始浓度，单位 mg/L；c_i 为第 i 时刻的浓度，单位 mg/L；v_i 代表水的体积，单位 m^3。在具体方法上，模拟水体交换过程中局部水域内示踪剂的含量变化。假设研究区域示踪剂初始浓度为 2 mg/L，海域边界示踪剂浓度为 0，示踪剂质点到达区域开边界后即完全消失，从区域外流入研究区域的水总是“纯净水”。通过模拟研究区域内示踪剂浓度降为 0 的完整“水体交换过程”可知，交换能力越强的方案越佳，从而判断不同方案对近海海域水体循环的影响。

4.2 基于 EFDC 模型的填海造地区域水工实验模拟研究

4.2.1 工程概况和模拟内容

4.2.1.1 工程概况

为了对 EFDC 模型进行模拟应用，保证数据真实性，力图在一个接近真实情况水文条件的工况下进行模拟。考虑到模拟计算是为了划定规划影响趋势，探究不同的规划设计条件对水动力环境的影响，模拟结果具有普适性，模拟海域所在地理位置与模拟结果相关性不大。因此，本书不考虑不同水域之间的差异，选取辽东湾海域进行本次水动力模拟研究。

辽东湾，中国渤海三大海湾之一，位于渤海东北部，辽宁省西南部。西起中国辽宁省西部六股河口，东到辽东半岛西侧长兴岛，东、西、北被辽宁省环绕，南与渤海相通。辽东湾沿岸的城市主要有葫芦岛、锦州、盘锦、营口等。注入辽东湾的河流主要有辽河、大凌河等。海底地形自湾顶及东西两侧向中央倾斜，湾东侧水深大于西侧，最深处约 32 m，位于湾口的中央部分。河口大多有水下三角洲，辽河口外的水下谷地实为古辽河的河谷，是现代辽河泥沙输送的渠道。平均潮差（营口站）2.7 m，最大可能潮差 5.4 m。冬季结冰，冰厚 30 cm 左右。为淤泥质平原海岸，内侧为海滨低地，宽 5000 ~8000 m，部分为盐碱地或芦苇地，外侧为淤泥滩，宽 1000 ~2000 m。

图 4-5　研究区域
资料来源：作者自绘。

本书在辽东湾浅滩附近选取半径为 12 500 m 的海域作为填海造地区域（图 4-5），在该区域内进行假定填海，研究各形态设计因素对该海域水动力的影响。

4.2.1.2 模拟内容

本书采用 EFDC 三维水动力数学模型进行模拟计算。首先建立了辽东湾模型，并进行水动力数学模型的可靠性验证，其次用验证后的数学模型研究填海时各形态设计因素对水域水动力的影响。形态设计因素的内容包含两个方面：一方面是从整体层面进行研究，即研究填海造地区域的基本平面组织关系，由于离岸式已被广泛认为是优选的相对位置关系，并于上节进行阐述，因此模拟实验仅涉及填海造地区域边界形状和平面组合范式；另一方面，本书还对填海造地区域与陆域的相对位置关系，以及填海造地区域的边界形状和平面组合范式中的组织细节进行研究，即研究岛岸间距、岛岛间距、湖口宽度、湖长、水道宽度、水道方向或填海造地区域的边界形状对近岸海域水动力的影响，以寻找最优方案。具体的研究内容如下。

①研究岛岛间距（100 m、300 m 或 500 m）对水域水力特性的影响；

②研究岛岸间距（100 m、300 m 或 500 m）对水域水力特性的影响；

③研究内湖湖口宽度及湖长（湖口宽度 100 m、湖长 2000 m；湖口宽度 300 m、湖长 2000 m，或者湖口宽度 300 m、湖长 1000 m）对水域水力特性的影响；

④研究水道方向及水道宽度（垂直于海岸，水道宽度为 50 m、100 m，或者平行于海岸，水道宽度 50 m、100 m）对水域水力特性的影响；

⑤研究填海造地区域的边界形状（三角形、矩形、圆形、锯齿形、新月形或有机形）对水域水力特性的影响；

⑥研究填海造地区域的平面组合范式（串联式、并联式、散布式或放射式）对水域水力特性的影响；

⑦分析比较各工况不同方案的结果，得到各形态设计因素的最优方案。

4.2.2 数学模型的建立和验证

4.2.2.1 控制方程及求解方法

为了更好地反映填海造地区域的水动力特性，根据辽东湾水体的特点，选用三维水动力模型对各填海方案进行水动力数值模拟。该模型可实现河流、湖泊、水库、湿地系统、河口和海洋等水体的水动力学和水质模拟，是一个多参数的有限差分模型。在水平曲线正交网格、垂向 δ 拉伸网格上求解静水力学、紊流平均方程。模型采用 Mellor-Yamada 2.5 阶紊流闭合方程，根据需要可以进行一维、二维和三维的计算。

（1）控制方程

①动量方程：

$$\frac{\partial(mHu)}{\partial t}+\frac{\partial(m_yHuu)}{\partial x}+\frac{\partial(m_xHvu)}{\partial y}+\frac{\partial(mwu)}{\partial z}-(mf+v\frac{\partial m_y}{\partial x}-u\frac{\partial m_x}{\partial y})Hv \quad (2\text{-}1)$$
$$=-m_yH\frac{\partial(g\zeta+p)}{\partial x}-m_y(\frac{\partial h}{\partial x}-z\frac{\partial H}{\partial x})\frac{\partial p}{\partial z}+\frac{\partial}{\partial z}(m\frac{1}{H}A_v\frac{\partial u}{\partial z})+Q_u$$

$$\frac{\partial(mHv)}{\partial t}+\frac{\partial(m_yHuv)}{\partial x}+\frac{\partial(m_xHvv)}{\partial y}+\frac{\partial(mwv)}{\partial z}+(mf+v\frac{\partial m_y}{\partial x}-u\frac{\partial m_x}{\partial y})Hu \quad (2\text{-}2)$$
$$=-m_xH\frac{\partial(g\zeta+p)}{\partial y}-m_x(\frac{\partial h}{\partial y}-z\frac{\partial H}{\partial y})\frac{\partial p}{\partial z}+\frac{\partial}{\partial z}(m\frac{1}{H}A_v\frac{\partial v}{\partial z})+Q_v$$

$$\frac{\partial p}{\partial z}=gH\frac{\rho-\rho_0}{\rho_0} \quad (2\text{-}3)$$

式中，m_x 和 m_y 为坐标转换因子，$m=m_xm_y$，单位 m；$H=h+\zeta$，其中 h 为平均水深，ζ 为自由水面波动，单位 m；u 和 v 是曲线正交坐标 x 和 y 方向的水平速度分量，w 是垂向速度，单位 m/s；p 为物理压力，单位 kg•m/s^2；ρ 为水体密度，ρ_0 为参考密度，单位 kg/m^3；f 为柯氏力参量，单位 s^{-1}；A_v 为垂向紊流涡黏性系数，单位 m^2/s；Q_u 和 Q_v 为动量源汇项，单位 m^3/s^2。

②连续方程：

$$\frac{\partial(m\zeta)}{\partial t}+\frac{\partial(m_yHu)}{\partial x}+\frac{\partial(m_xHv)}{\partial y}+\frac{\partial(mw)}{\partial z}=Q_H \quad (2\text{-}4)$$

式中，源项 Q_H 代表降雨、蒸发、地下水相互作用、取水或点源和非点源入流，单位 m^2/s；其余符号同前。

（2）污染物输运方程

$$\frac{\partial(m_x m_y HC)}{\partial t}+\frac{\partial(m_y HuC)}{\partial x}+\frac{\partial(m_x HvC)}{\partial y}+\frac{\partial(m_x m_y wC)}{\partial z}=m_x m_y\frac{\partial}{\partial z}(\frac{1}{H}A_b\frac{\partial C}{\partial z}+\sigma C)+Q_C \quad (2\text{-}5)$$

式中，C为污染物浓度；A_b为垂向紊动扩散系数，单位 m^2/s；σ 为颗粒沉速，单位 m/s；Q_C 包含水平紊动扩散及其他体积源汇项，单位 g/m•s；其余符号同前。

（3）求解方法

采用有限差分和有限体积相结合的方法求解。应用内－外模式分离法求解动量方程和连续性方程，外模式应用半隐式三层时间格式求解，用周期性的两层时间格式修正，求得自由表面水位，应用连续超松弛格式迭代求解平均速度场；内模式则联合水平速度分量和垂向剪力项，应用分步格式求解。污染物输运方程和悬沙输运方程的求解应用分步法，隐式求解扩散项，显式求解对流项。

4.2.2.2 计算区域

本书选用部分辽东湾海域（39°6′N~40°48′N，119°E~121°15′E）建立模型进行水动力模拟，用于验证EFDC模型的可靠性。计算区域共划分为2906个网格，采用曲线正交网格，网格尺度有一定差距，其中最大的格距 40 m，最小的格距为 6 m。在垂直方向分为等间距的两层。

如图 4-6 所示，在辽东湾海岸比较规整的区域选取半径为 12 500 m 的浅滩作为填海造地区域，其中特定区域（半径为 4000 m 的区域）为各方案计算水体交换率的区域。各方案的工况设定如表 4-1 所示。

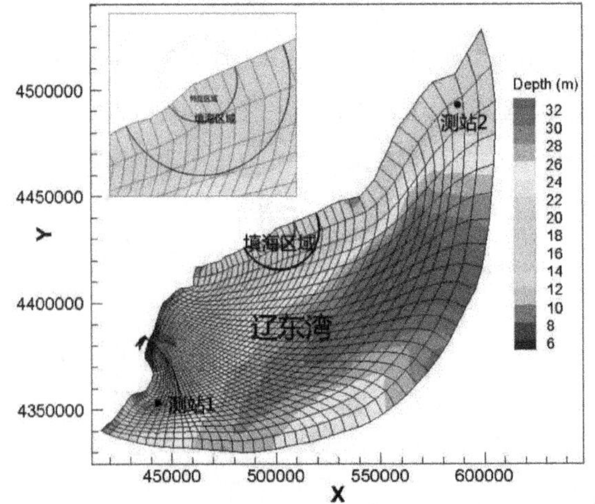

图 4-6 网格划分
资料来源：作者自绘。

表 4–1　各组分析方案工况设定

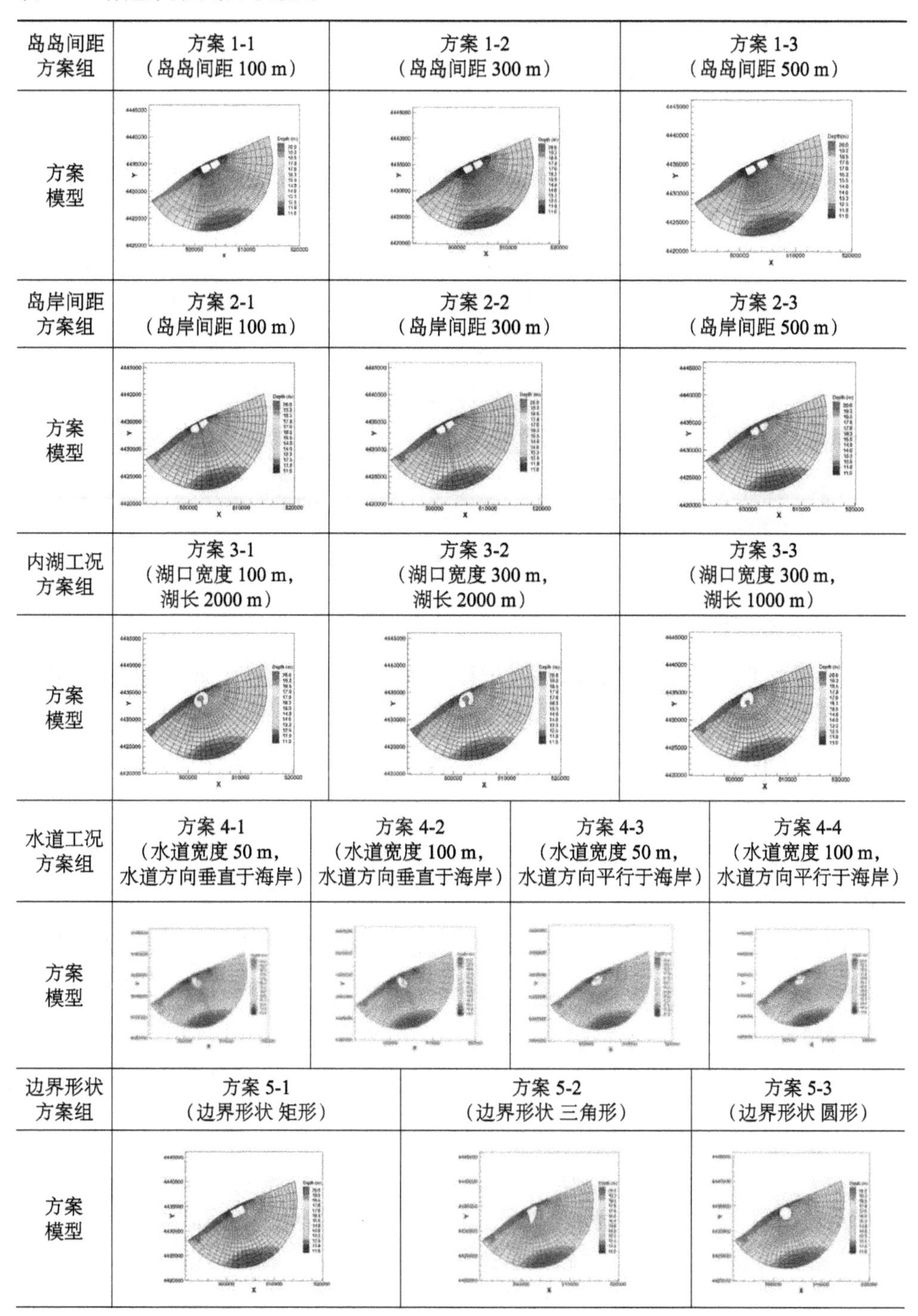

岛岛间距方案组	方案 1-1（岛岛间距 100 m）	方案 1-2（岛岛间距 300 m）	方案 1-3（岛岛间距 500 m）	
方案模型				
岛岸间距方案组	方案 2-1（岛岸间距 100 m）	方案 2-2（岛岸间距 300 m）	方案 2-3（岛岸间距 500 m）	
方案模型				
内湖工况方案组	方案 3-1（湖口宽度 100 m，湖长 2000 m）	方案 3-2（湖口宽度 300 m，湖长 2000 m）	方案 3-3（湖口宽度 300 m，湖长 1000 m）	
方案模型				
水道工况方案组	方案 4-1（水道宽度 50 m，水道方向垂直于海岸）	方案 4-2（水道宽度 100 m，水道方向垂直于海岸）	方案 4-3（水道宽度 50 m，水道方向平行于海岸）	方案 4-4（水道宽度 100 m，水道方向平行于海岸）
方案模型				
边界形状方案组	方案 5-1（边界形状 矩形）	方案 5-2（边界形状 三角形）	方案 5-3（边界形状 圆形）	
方案模型				

表 4–1　各组分析方案工况设定（续）

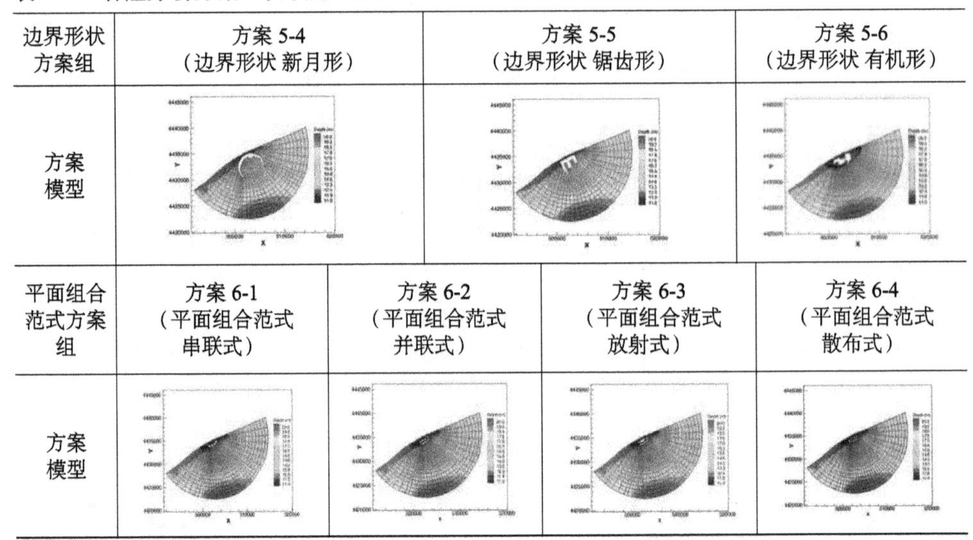

边界形状方案组	方案 5-4（边界形状 新月形）	方案 5-5（边界形状 锯齿形）	方案 5-6（边界形状 有机形）
方案模型			

平面组合范式方案组	方案 6-1（平面组合范式 串联式）	方案 6-2（平面组合范式 并联式）	方案 6-3（平面组合范式 放射式）	方案 6-4（平面组合范式 散布式）
方案模型				

资料来源：作者自绘。

4.2.2.3 模型验证

利用该模型，对外海辽东湾的流场进行数值模拟，模拟时间为 2006 年 8 月 1 日至 2006 年 9 月 1 日和 2000 年 9 月 15 日至 2000 年 10 月 15 日，并将模拟结果与辽东湾 A 测站（经度 120°57′38.91″，纬度 40°41′46.23″，观测日期 2006 年 8 月 10 日）和 B 测站（经度 120°57′38.91″，纬度 40°41′46.23″，观测日期 2000 年 9 月 28 日至 29 日）的实测资料进行对比。图 4-7 给出了 A 测站和 B 测站的水位、流速和流向等要素的实测值和计算值的统计分析结果。

从图中可以看出，A 测站和 B 测站的计算值与实测值基本一致，潮（水）位、流速和流向的变化过程也基本吻合，该模型所模拟的潮流运动基本能够反映出辽东湾海域的水流状况。

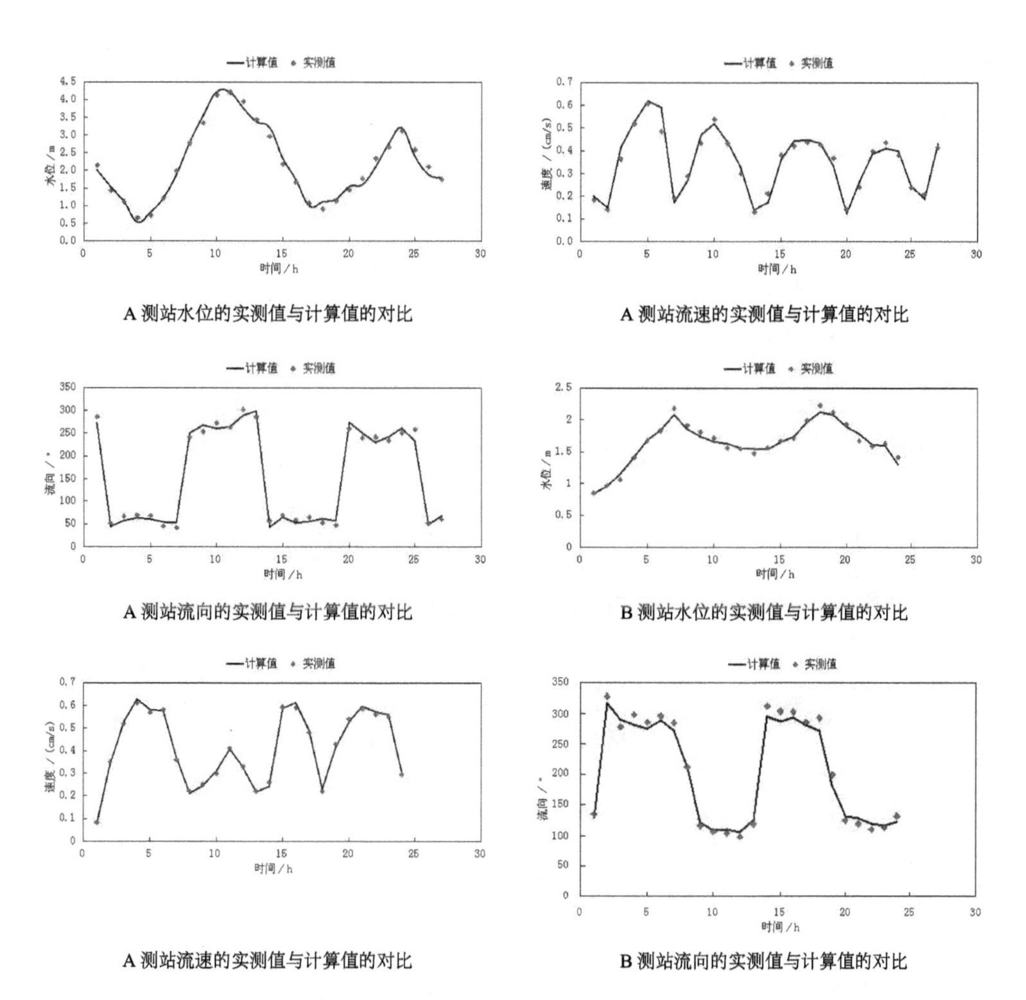

A 测站水位的实测值与计算值的对比

A 测站流速的实测值与计算值的对比

A 测站流向的实测值与计算值的对比

B 测站水位的实测值与计算值的对比

A 测站流速的实测值与计算值的对比

B 测站流向的实测值与计算值的对比

图 4-7　A、B 测站的水位、流速和流向的实测值与计算值的对比
资料来源：作者自绘。

4.2.2.4 计算方案

本书利用验证后的 EFDC 数学模型对填海造地区域进行数值模拟，分析填海时各形态设计因素（岛岛间距、岛岸间距、湖口宽度 / 湖长、水道宽度 / 方向、填海造地区域的边界形状或平面组合范式）对填海水域水动力的影响，并利用公式计算水体交换率，分析各方案的水体交换能力。各计算方案如表 4-2 所示。

表 4-2　填海造地工程计算方案

计算方案

方案		岛岛间距	岛岸间距	水道宽度	水道方向	湖口宽度	湖长	填海造地区域的边界形状	岛组合方式
方案 1（岛岛间距）	方案 1-1	100 m	—	—	—	—	—	—	—
	方案 1-2	300 m	—	—	—	—	—	—	—
	方案 1-3	500 m	—	—	—	—	—	—	—
方案 2（岛岸间距）	方案 2-1	—	100 m	—	—	—	—	—	—
	方案 2-2	—	300 m	—	—	—	—	—	—
	方案 2-3	—	500 m	—	—	—	—	—	—
方案 3（内湖工况）	方案 3-1	—	—	—	—	100 m	2000 m	—	—
	方案 3-2	—	—	—	—	300 m	2000 m	—	—
	方案 3-3	—	—	—	—	300 m	1000 m	—	—
方案 4（水道工况）	方案 4-1	—	—	50 m	垂直于海岸	—	—	—	—
	方案 4-2	—	—	100 m	垂直于海岸	—	—	—	—
	方案 4-3	—	—	50 m	平行于海岸	—	—	—	—
	方案 4-4	—	—	100 m	平行于海岸	—	—	—	—
方案 5（填海造地区域的边界形状）	方案 5-1	—	—	—	—	—	—	矩形	—
	方案 5-2	—	—	—	—	—	—	三角形	—
	方案 5-3	—	—	—	—	—	—	圆形	—
	方案 5-4	—	—	—	—	—	—	新月形	—
	方案 5-5	—	—	—	—	—	—	锯齿形	—
	方案 5-6	—	—	—	—	—	—	有机形	—
方案 6（填海造地区域的平面组合范式）	方案 6-1	—	—	—	—	—	—	—	串联式
	方案 6-2	—	—	—	—	—	—	—	并联式
	方案 6-3	—	—	—	—	—	—	—	放射式
	方案 6-4	—	—	—	—	—	—	—	散布式

资料来源：作者自绘。

4.2.3 工况分组模拟与分析

本书主要对涨急时段、高潮时段、落急时段、低潮时段四个时段进行模拟，以分析岛岛间距、岛岸间距、湖口宽度、水道宽度 / 方向、填海造地区域的边界形状以及填海造地区域的平面组合范式等因素对填海水域水动力的影响，通过工况分组模拟以及对比分析，得出最优的空间形态设计方案。

4.2.3.1 岛岛间距对填海水域水动力的影响

（1）岛岛间距对填海水域流场的影响

岛岛间距对填海水域流场会产生一定影响，表 4-3 所示为不同岛岛间距方案涨急、高潮、落急和低潮时段的流场图。方案 1-1、1-2 和 1-3 各时段流场基本相同。涨急时段，不同方案的流速在两岛通道之间以及在岛的南侧区域存在明显差异；高潮时段各方案水流流速均较小；落急时段各个方案的水流在岛的西侧形成逆时针涡旋，水流流速较小；低潮时段岛的西南侧和岛的西侧存在环流，且水流流速较小，岛的东南侧和东侧靠近开边界区域水流流速较大。

表 4-3　方案 1-1、1-2、1-3 流场图

		方案 1-1	方案 1-2	方案 1-3
流场	涨急	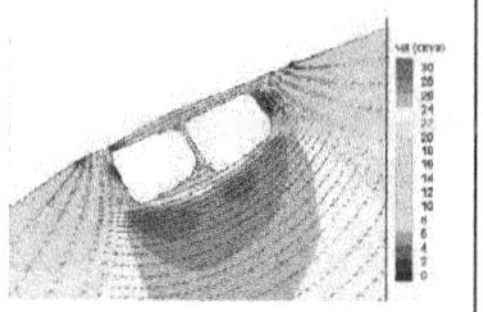	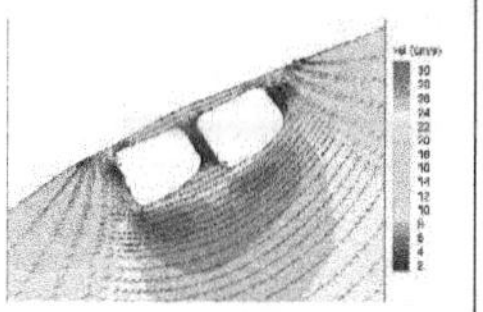	
	高潮	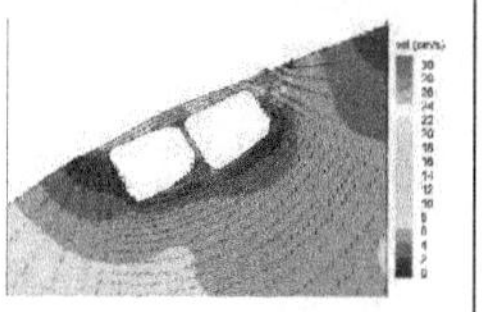	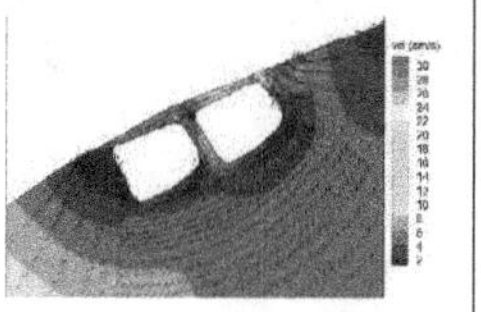	
	落急	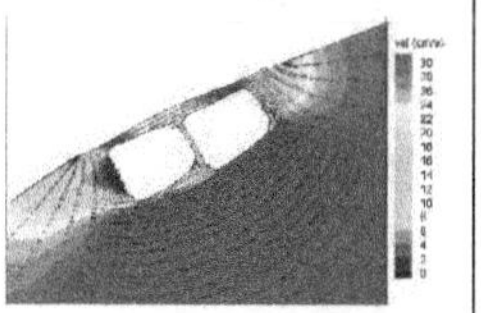	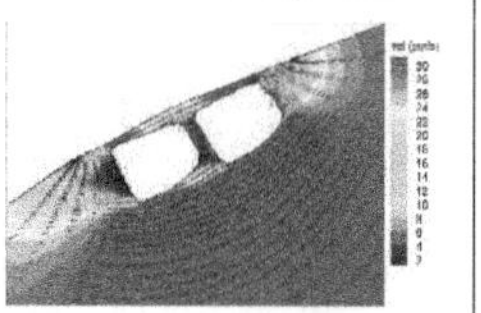	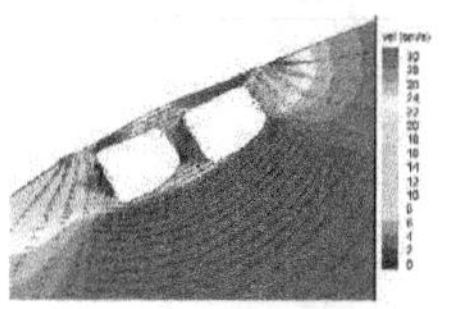
	低潮	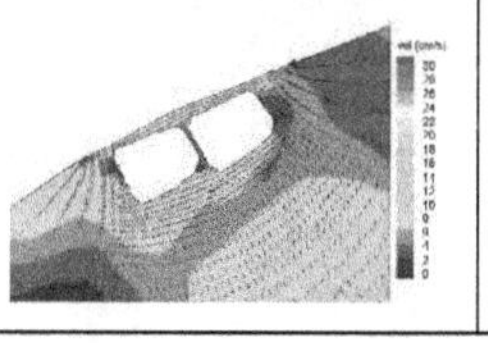	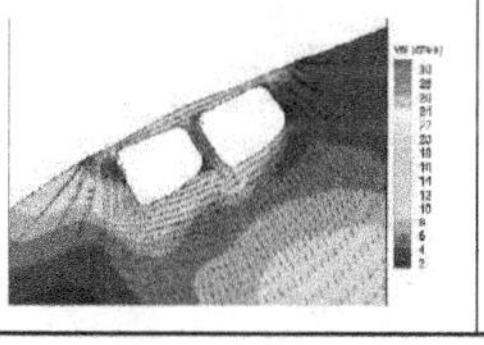	

资料来源：作者自绘。

（2）岛岛间距对填海水域水体交换能力的影响

岛岛间距对填海水域的水体交换能力会产生一定影响。计算结果如表 4-4 所示，对于特定区域，方案 1-1、1-2 和 1-3 的水体交换率随时间的变化规律相同，但其大小存在差异，整体上，方案 1-1 的水体交换率最大，方案 1-3 的水体交换率最小，方案 1-2 介于两者之间。

表 4-4　方案 1-1、1-2、1-3 示踪剂浓度分布图

		方案 1-1	方案 1-2	方案 1-3
水体交换能力	第 2 天		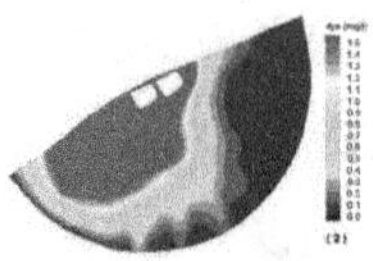	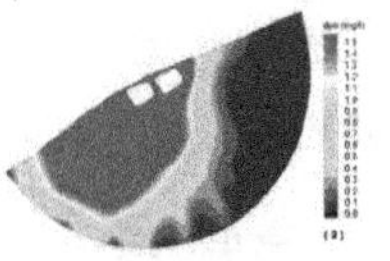
	第 3 天	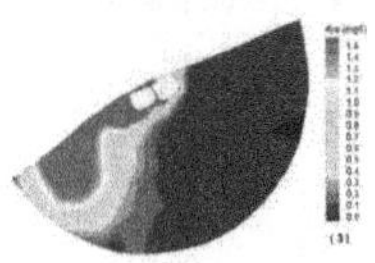		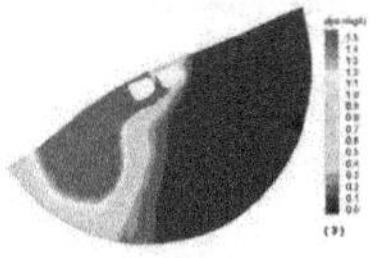
	第 4 天	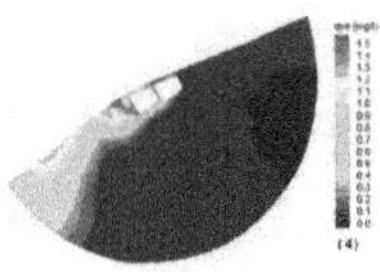		
	第 5 天			
	水体交换率	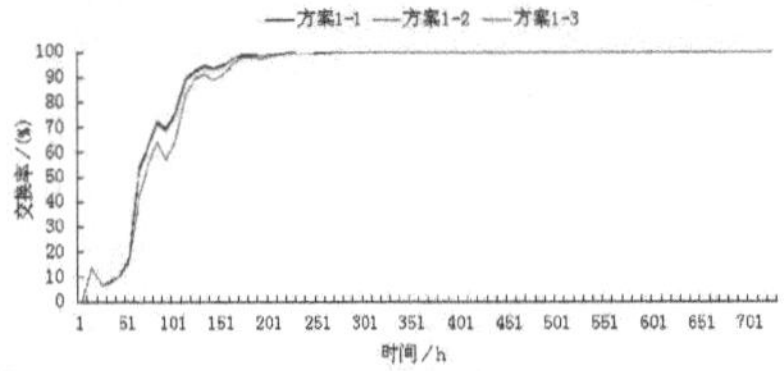 水体交换率随时间变化曲线		

资料来源：作者自绘。

（3）结果分析与比较

本书对填海方案中的岛岛间距工况的三种方案进行了数值模拟，并对结果进行了分析比较。通过对方案 1-1、1-2 和 1-3 的流场、流速分布和水体交换能力的分析比较，得出在三个方案中，方案 1-1 最不容易产生泥沙淤积，且方案 1-1 水体交换能力比其他方案强，综合各个方面方案 1-1 优于方案 1-2 及方案 1-3。

岛岛间距对填海水域流场的影响较小，对填海水域流速分布及水体交换能力的影响较大。对于特定水域内水体交换能力，岛岛间距相对越小，水体交换能力越强，但两岛通道处水体交换能力稍差。

4.2.3.2 岛岸间距对填海水域水动力的影响

（1）岛岸间距对填海水域流场的影响

表 4-5 所示表示岛岸间距（100 m、300 m 或 500 m）变化时，各方案的涨急流场、高潮流场、落急流场和低潮流场。方案 2-1、2-2 和 2-3 的涨急流场、高潮流场、落急流场和低潮流场基本相同，流速分布差异也较小。涨急时段，各方案的速度分布差异主要在两岛周围区域。方案 2-1 的水流流速最大，方案 2-2 次之，方案 2-3 的流速最小。高潮时段，在岛的东北方向靠近海岸区域，方案 2-2 的流速稍大，方案 2-1 次之，方案 2-3 的流速稍小。落急时段，在填海水域内，方案 2-1、2-2 和 2-3 流速大小在 30 cm/s 至 37 cm/s 之间的水体分布范围存在明显差异，其中，方案 2-1 的范围最大，方案 2-2 次之，方案 2-3 的范围最小。低潮时段，整个研究区域内的流速均较小，流速差异主要发生在两岛周围区域，方案 2-3 的流速最大，方案 2-2 次之，方案 2-1 的流速最小。

表 4-5　方案 2-1、2-2、2-3 流场图

		方案 2-1	方案 2-2	方案 2-3
流场	涨急	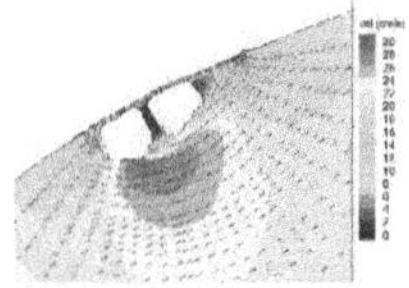	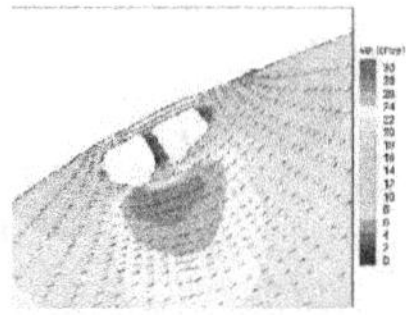	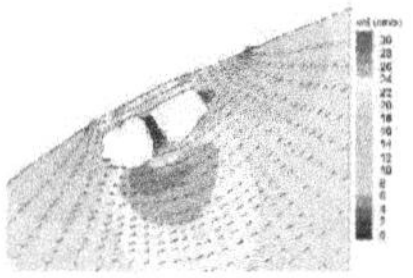
	高潮	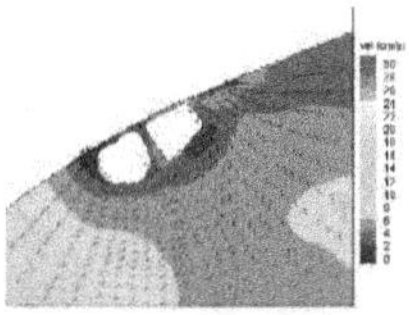	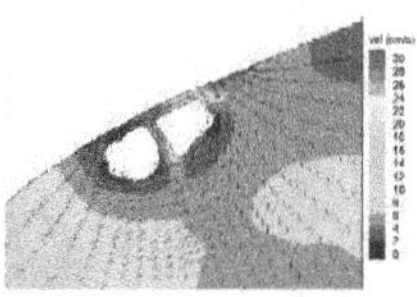	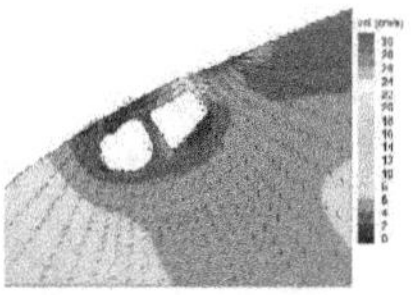
	落急	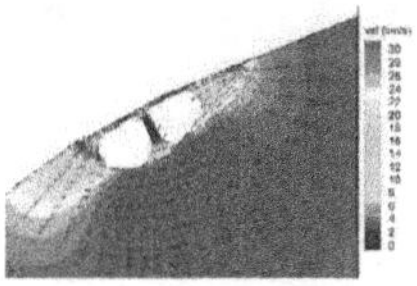		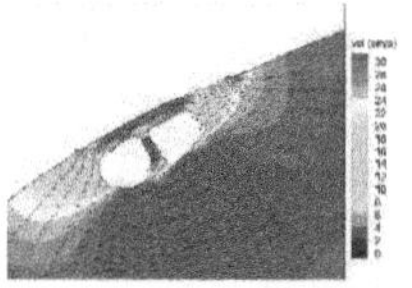
	低潮	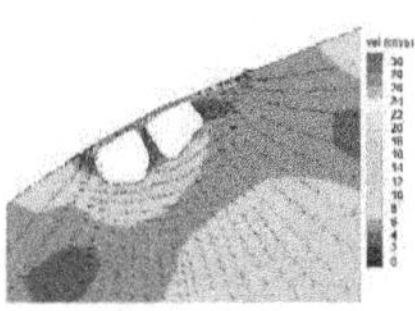	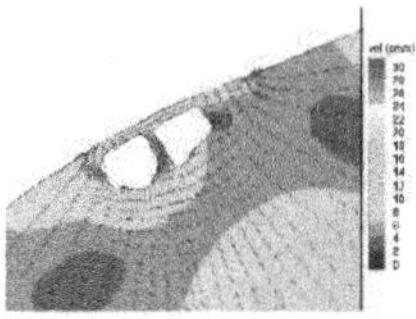	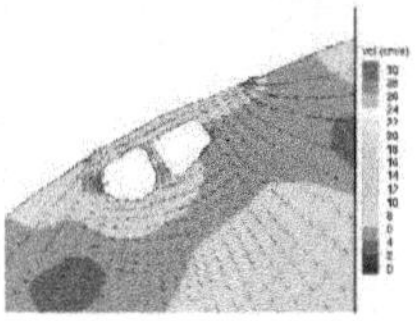

资料来源：作者自绘。

（2）岛岸间距对填海水域水体交换能力的影响

假设整个研究区域内水体所含示踪剂的浓度为 2 mg/L，外来水不含示踪剂。计算结果（表 4-6）表明，对于特定区域，方案 2-1、2-2 和 2-3 的水体交换率随时间的变化规律相同，且大小差异很小，整体上，方案 2-3 的水体交换率最大，方案 2-1 最小，方案 2-2 处于两者之间。

表 4–6　方案 2–1、2–2、2–3 示踪剂浓度分布图

		方案 2-1	方案 2-2	方案 2-3
水体交换能力	第 2 天	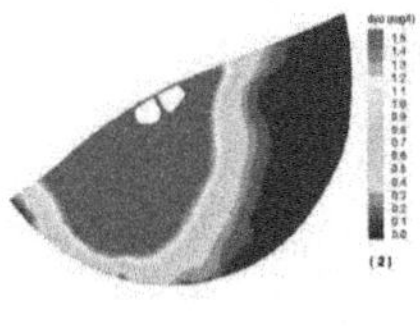	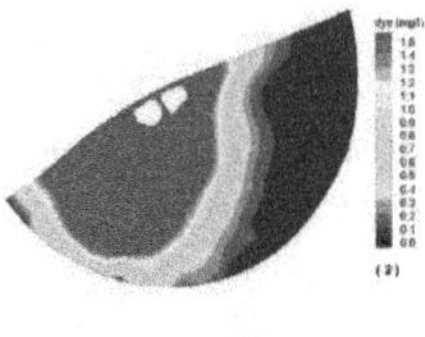	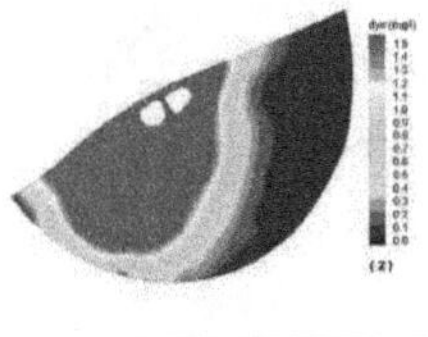
	第 3 天			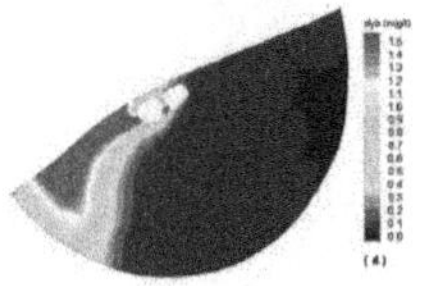
	第 4 天			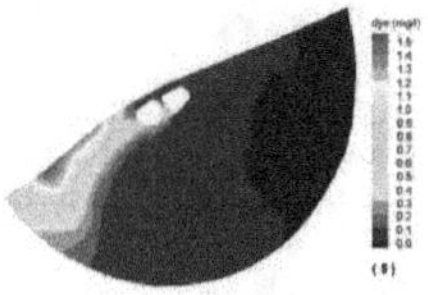
	第 5 天			
	水体交换率	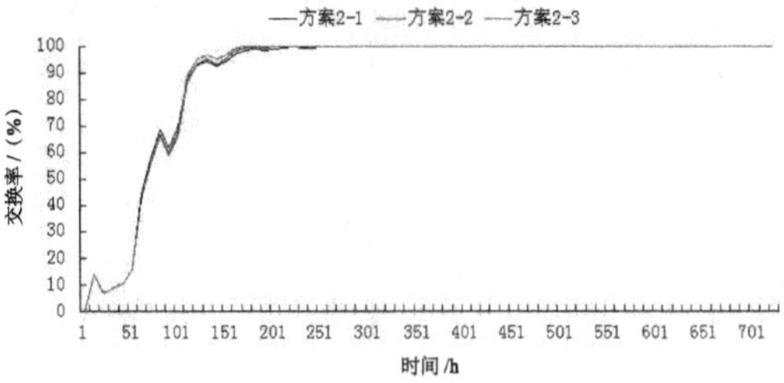 —方案2-1 —方案2-2 —方案2-3 交换率 / (%)：0 10 20 30 40 50 60 70 80 90 100 时间 /h：1 51 101 151 201 251 301 351 401 451 501 551 601 651 701		水体交换率随时间变化曲线

资料来源：作者自绘。

（3）结果分析与比较

对填海方案 2-1、2-2 和 2-3 中的岛岸间距工况的三种方案进行了数值模拟，并对结果进行了分析比较。经过对不同方案流场流速进行分析，方案 2-3 的淤积程度最小，方案 2-2 次之，方案 2-1 的淤积程度最大。方案的水体交换能力存在微弱差异，方案 2-3 的水体交换能力最强，方案 2-2 次之，方案 2-1 的水体交换能力最差。综合分析得出方案 2-3（500 m）优于方案 2-1（100 m）和方案 2-2（300 m）。

通过模拟计算分析，岛岸间距对填海水域流场的影响较小，对填海水域流速分布及水体交换能力的影响较大。涨落潮时，填海水域两岛通道处以及岛西侧和东北侧靠近岛的区域水流流速较小，易产生泥沙淤积；岛北侧与海岸之间区域以及岛南侧区域水流流速较大，易产生海床冲刷。岛岸间距相对较大时，两岛通道处以及岛西侧和东北侧靠近岛的区域水流流速较大，泥沙淤积强度较弱；岛北侧与海岸之间区域以及岛南侧流速较小，海床的冲刷强度较弱；特定水域内水体交换能力以及两岛通道处水体交换能力均较强。

4.2.3.3 湖口宽度及湖长对填海水域水动力的影响

（1）湖口宽度及湖长对填海水域流场的影响

填海造地后，由于浅滩围填，研究区域内的潮流场发生变化。涨急时段，在湖口附近，方案 3-1 和方案 3-2 的流速分布有明显差异，方案 3-2 和方案 3-3 的流速差异很小，方案 3-1 的流速比方案 3-2 的大。高潮时段，各个方案流速均较小，流速差异主要存在于岛周围，并在岛周围产生环流。落急时段，各方案潮流场基本相同，流速差异主要发生在岛周围区域，此阶段较涨急时段流速较大。低潮时段，各方案流速在岛周围存在差异，尤其是入湖通道区域，在该处方案 3-1 的流速最大，方案 3-2 次之，方案 3-3 最小。

（2）湖口宽度及湖长对填海水域水体交换能力的影响

假设整个研究区域内水体所含示踪剂的浓度为 2 mg/L，外来水不含示踪剂。

计算结果（表 4-7）表明，整体上方案 3-1 的水体交换率最大，方案 3-3 的水体交换率最小，方案 3-2 介于两者之间。

表 4–7　方案 3–1、3–2、3–3 示踪质浓度分布图

<table>
<tr><th></th><th></th><th>方案 3-1</th><th>方案 3-2</th><th>方案 3-3</th></tr>
<tr><td rowspan="5">水体交换能力</td><td>第 2 天</td><td></td><td></td><td></td></tr>
<tr><td>第 3 天</td><td>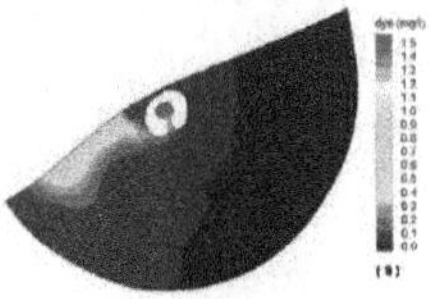</td><td></td><td></td></tr>
<tr><td>第 4 天</td><td></td><td></td><td></td></tr>
<tr><td>第 5 天</td><td></td><td></td><td></td></tr>
<tr><td>水体交换率</td><td colspan="2">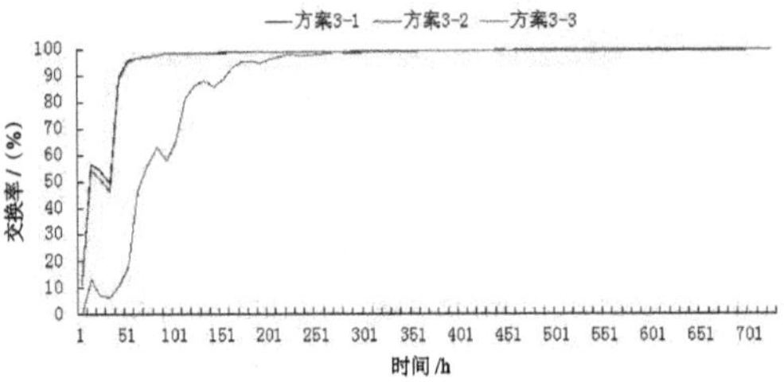</td><td>水体交换率随时间变化曲线</td></tr>
</table>

资料来源：作者自绘。

（3）结果分析与比较

本书对填海方案中的内湖工况的三种方案进行了数值模拟，并就结果进行了分析比较。各方案流场基本相同，流速差异发生在岛周围区域的水体及湖内水体，其他区域流速分布基本相同。其中，方案 3-3 泥沙淤积强度最大，其次为方案 3-2，方案 3-1 泥沙淤积强度最小。在水体交换能力方面，各方案存在差异，方案 3-3 的水体交换能力较强，方案 3-2 次之，方案 3-1 的水体交换能力较弱。综合各方面分析得出，方案 3-2（湖口宽度 300 m，湖长 2000 m）优于方案 3-1（湖口宽度 100 m，湖长 2000 m）和方案 3-3（湖口宽度 300 m，湖长 1000 m）。

湖口宽度 / 湖长对填海水域流场的影响较小，对填海水域流速分布及水体交换能力的影响较大。涨落潮时，填海水域湖口通道处以及湖内水体流速较小，易产生泥沙淤积；岛北侧与海岸之间区域以及岛南侧区域水流流速较大，易产生海床冲刷。湖口宽度相对较大时，湖口通道处以及湖内水体流速较小，泥沙淤积强度较大，湖口下侧区域水流流速较大，海床冲刷强度稍大，研究区域内的水体交换能力稍弱，但湖内水体的交换能力稍强；湖长相对较短时，湖口通道处和湖内水体的水流流速较小，泥沙淤积强度较大，湖口下侧区域水流流速较小，海床的冲刷强度较小，研究区域内水体交换能力较弱，但湖内水体的交换能力稍强。

4.2.3.4 水道宽度 / 方向对填海水域水动力的影响

（1）水道宽度 / 方向对水域流场的影响

不同的水道宽度 / 方向对水域流场有不同的影响（表 4-8）。方案 4-1 和 4-2 的涨急

表 4-8　方案 4-1、4-2、4-3、4-4 流场图

		方案 4-1	方案 4-2	方案 4-3	方案 4-4
流场	涨急	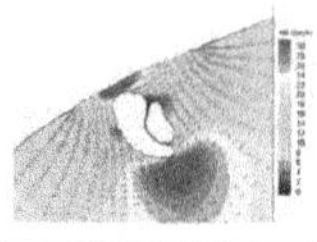	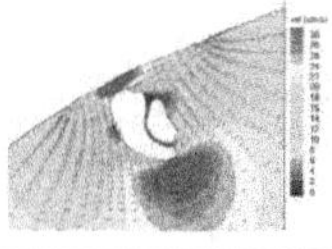	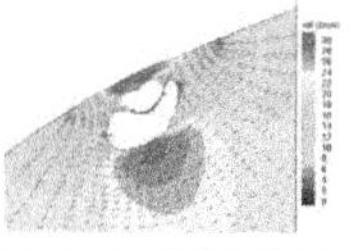	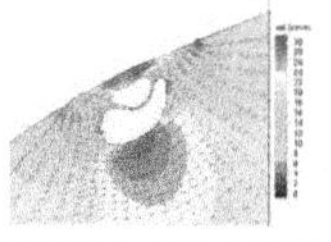
	高潮				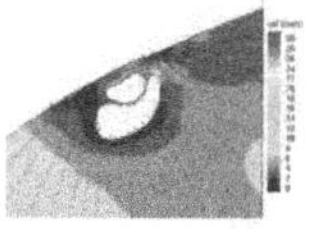
	落急	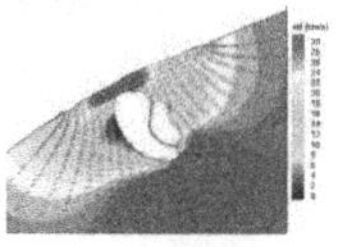	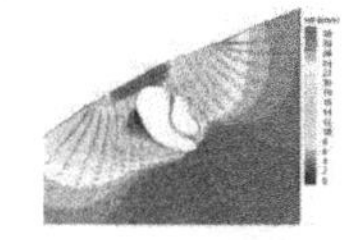	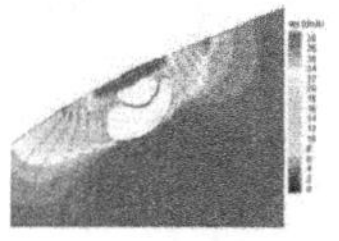	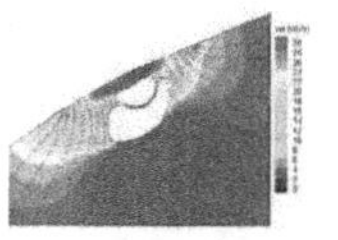
	低潮	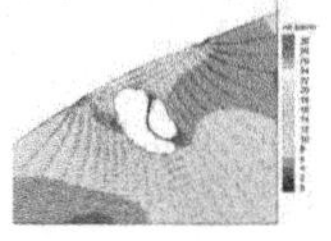	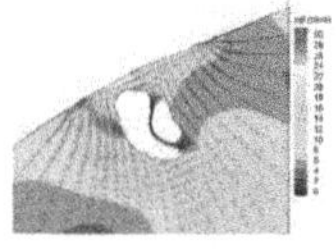		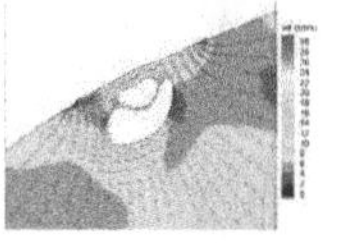

资料来源：作者自绘。

流场以及高潮流场基本相同且流速分布差异较小；方案 4-3 和 4-4 的涨急流场与高潮流场基本相同且流速分布差异较小。对于水道内的水体，方案 4-1 和 4-2 的水流流速均较小，方案 4-3 的流速稍大，方案 4-4 的流速最大。落急时段，对于水道内的水体，方案 4-2 的水流流速最小，方案 4-1 的水流流速稍大，方案 4-4 的流速较大，方案 4-3 的流速最大。填海水域内，落潮流速较涨潮流速大 。低潮时段，方案 4-1 和 4-2 的流速分布差异很小；方案 4-3 和 4-4 的流速分布差异很小；填海水域内，低潮流速比高潮流速大。

（2）水道宽度 / 方向对填海水域水体交换能力的影响

水道宽度 / 方向对填海水域水体交换能力有一定的影响，计算结果（表 4-9）表明，

表 4-9　方案 4-1、4-2、4-3、4-4 示踪剂浓度分布图

		方案 4-1	方案 4-2	方案 4-3	方案 4-4
水体交换能力	第2天				
	第3天				
	第4天				
	第5天				
水体交换率		—方案4-1 —方案4-2 —方案4-3 —方案4-4 交换率/(%)：100 90 80 70 60 50 40 30 20 10 0 1 51 101 151 201 251 301 351 401 451 501 551 601 651 701 时间/h 水体交换率随时间变化曲线			

资料来源：作者自绘。

对于特定区域方案 4-1 与 4-2 的水体交换率随时间的变化规律相同，且水体交换率差基本相同；方案 4-3 与 4-4 的水体交换率随时间的变化规律相同，且水体交换率差基本相同。

（3）结果分析与比较

本书对填海方案中的水道工况的三种方案进行了数值模拟，并对结果进行了分析比较。方案 4-1 和 4-2 的潮流场相同，方案 4-3 和 4-4 的潮流场相同，其流速在岛周围区域存在微小的差异，水道内流速差异稍大，其他区域的流速分布基本相同。方案 4-1 和 4-2 的水体交换能力差异很小，方案 4-3 和 4-4 的水体交换能力差异很小，整体上，水体交换能力从弱到强依次为方案 4-4、方案 4-3、方案 4-1、方案 4-2。通过对方案 4-1、4-2、4-3 和 4-4 的流场、流速分布和水体交换能力的分析比较，以及综合考虑水道工况的四种方案对填海水域泥沙冲淤的影响，得出方案 4-4（100 m，平行于海岸）优于方案 4-3（50 m，平行于海岸）、方案 4-1（50 m，垂直于海岸）和方案 4-2（100 m，垂直于海岸）。

水道宽度 / 方向对填海水域流场、流速分布及水体交换能力的影响较大。水道宽度相对较大、水道方向与潮流走向一致时，水通道区域流速较小，海床的冲刷强度较大；岛北侧及南侧靠近岛区域，水流流速较小，泥沙冲刷强度较小；特定水域内水体交换能力以及水道内水体交换能力均较强。

4.2.3.5 填海造地区域的边界形状对填海水域水动力的影响

（1）填海造地区域的边界形状对填海水域流场的影响

不同的填海造地区域边界形状对填海水域流场有不同的影响，表 4-10 所示为方案 5-1、5-2、5-3、5-4、5-5 和 5-6 涨急流场、高潮流场、落急流场和低潮流场。除岛周围区域流场外，各方案的潮流场基本相同，原因在于填海水域的潮流运动主要由开边界的水位控制，边界形状的改变仅仅影响岛周围区域的潮流场。涨急时段，各方案的潮流场均为西南方向水流流入，东南方向水流流出。对于岛周围区域水体，方案 5-1、5-2、5-3 和 5-4 的水流均为沿着岛南北边界流动，均未产生环流；方案 5-5 和 5-6 在岛周围均产生小环流。涨急时段，各方案的流速分布存在明显的差异，方案 5-1、5-2 和 5-3 的流速分布规律相似；方案 5-4、5-5 和 5-6 的速度分布差异较大，均存在低流速（流速在 4 cm/s 以下）。高潮时段，各方案的潮流场均为西南方向靠近海岸的水流流入，经岛的南侧向东北方向偏转，再经过岛的北侧与入流水流在岛的西侧区域交汇，并产生逆时针的环流，水流流速较小。高潮时段，填海水域各方案的流速均较小，且流速分布存在明显的差异。落急时段，各方案的潮流场基本相同。在岛周围区域，各方案均存在环流。各方案的流速分布存在明显差异。在岛的北侧区域以及岛的南侧和开边界之间的区域，各方案的水流流速均较大，且高流速水体的分布存在显著差异。低潮时段，各方案的潮流场均为岛西南区域的水体向东南和南方向的外海域流出。各方案的流速分布存在明显差异。整体上填海水域的流速从大到小依次为方案 5-4、方案 5-2、方案 5-5、方案 5-6、方案 5-3、方案 5-1。

表 4–10　方案 5–1、5–2、5–3、5–4、5–5、5–6 流场图

		方案 5-1	方案 5-2	方案 5-3	方案 5-4	方案 5-5	方案 5-6
流场	涨急	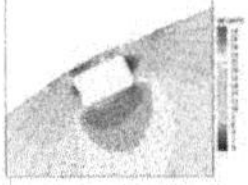	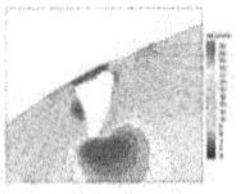	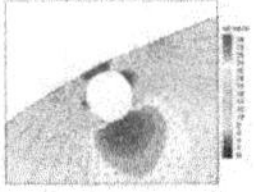	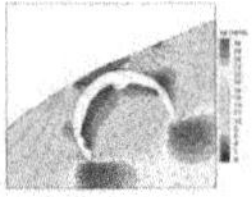	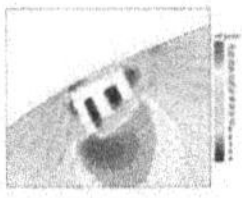	
	高潮		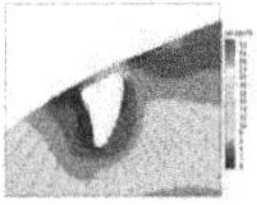	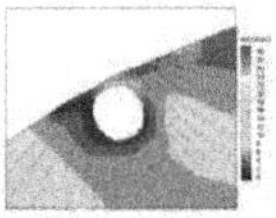	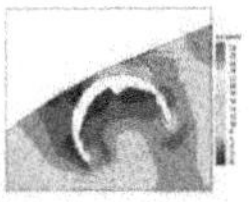		
	落急	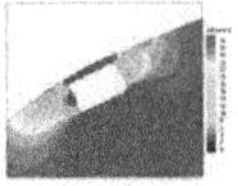					
	低潮		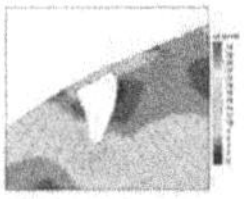		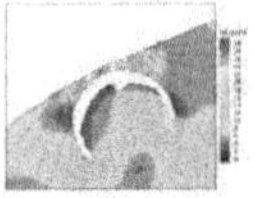	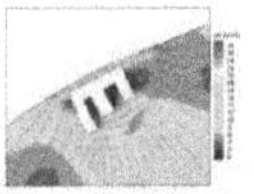	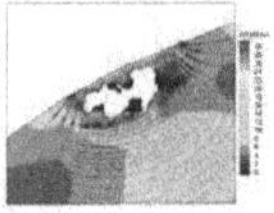

资料来源：作者自绘。

（2）填海造地区域的边界形状对填海水域水体交换能力的影响

不同的填海造地区域边界形状对填海水域的水体交换能力有不同程度的影响，计算结果（表 4-11）表明，对于特定区域，方案 5-1、5-2、5-3、5-4、5-5 和 5-6 的水体交换率随时间的变化规律相同，但其大小存在差异，整体上，水体交换率从大到小依次为方案 5-1、方案 5-6、方案 5-3、方案 5-2、方案 5-5、方案 5-4。

表 4-11　方案 5-1、5-2、5-3、5-4、5-5、5-6 示踪剂浓度分布图

		方案 5-1	方案 5-2	方案 5-3	方案 5-4	方案 5-5	方案 5-6
水体交换能力	第2天						
	第3天						
	第4天						
	第5天						
	水体交换率	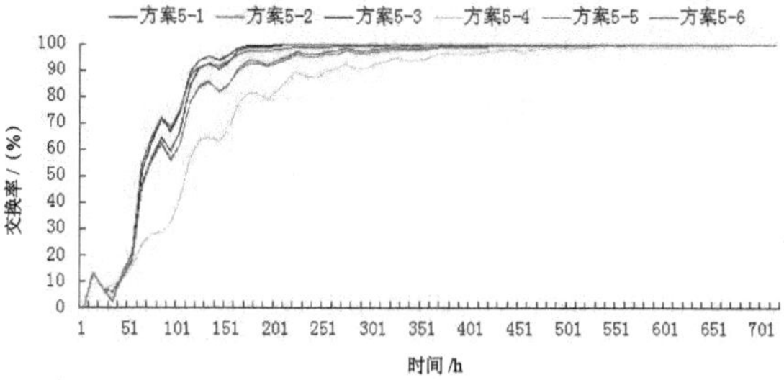 —方案5-1 —方案5-2 —方案5-3 —方案5-4 —方案5-5 —方案5-6 交换率/(%) 0 10 20 30 40 50 60 70 80 90 100 时间/h 1 51 101 151 201 251 301 351 401 451 501 551 601 651 701 水体交换率随时间变化曲线					

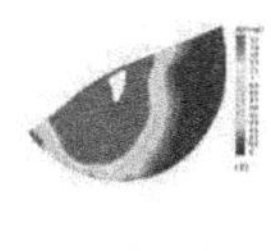

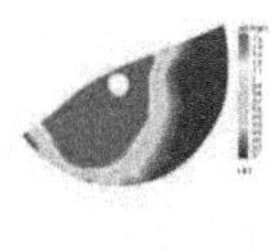

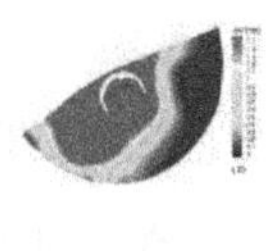

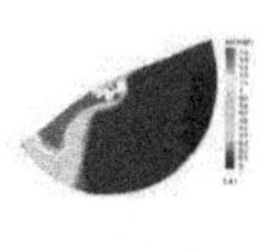

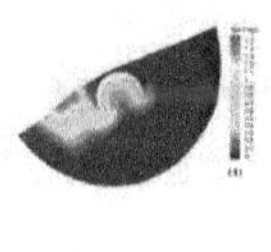

资料来源：作者自绘。

（3）结果分析与比较

各方案流场及流速分布均存在差异；流场差异主要发生在岛周围区域，流速差异存在于整个填海水域。填海水域内，各方案的水体交换能力差异显著；水体交换能力从强到弱依次为方案 5-1、方案 5-3、方案 5-2、方案 5-6、方案 5-5 和方案 5-4。对于特定区域，水体交换率从大到小依次为方案 5-1、方案 5-6、方案 5-3、方案 5-2、方案 5-5 和方案 5-4。

通过对各个方案的流场、流速分布和水体交换能力的分析比较，以及综合考虑边界形状的六种方案对填海水域泥沙冲淤的影响，得出各方案的优劣依次为方案 5-1（矩形）、方案 5-3（圆形）、方案 5-2（三角形）、方案 5-5（锯齿形）、方案 5-6（有机形）、方案 5-4（新月形）。

填海造地区域的边界形状对填海水域流场、流速分布及水体交换能力的影响较大。岛岸线较复杂时，岛周围易产生半封闭水域，涨落潮时段，填海水域存在环流，局部区域水流流速较大，水域的泥沙淤积程度和泥沙冲刷程度均较大，且填海水域的水体交换能力较弱，尤其是半封闭区域。岛岸线较简单且岸线突变时，涨落潮时段，填海水域存在环流，水流流速较小，局部区域水流流速较大，填海水域的泥沙淤积程度和泥沙冲刷程度均较大，且填海水域的水体交换能力较弱。岛岸线较简单且岸线较平滑时，涨落潮时段，填海水域水流较稳定，不存在环流，且填海水域的泥沙淤积程度和泥沙冲刷程度均较小，且填海水域水体交换能力较强。

4.2.3.6 填海造地区域的平面组合范式对填海水域水动力的影响

（1）平面组合范式对填海水域流场的影响

不同的平面组合范式对填海造地区域水域流场有不同的影响，表 4-12 所示为平面组合范式变化时，各方案的涨急流场、高潮流场、落急流场和低潮流场。各方案流场基本相同，流速分布差异也较小。涨急时段，各方案的潮流场基本相同，整个研究区域，各方案的速度分布规律相同，速度差异主要发生在岛周围区域及岛之间通道水域。高潮时段，各方案的潮流场基本相同，整个研究区域内，各方案的水流流速较小，其中，流速较大的区域为岛的西南和东南靠近开边界区域，岛周围区域水体的流速较小。在岛周围区域，各方案的流速分布差异较大。落急时段，各方案的潮流场基本相同。填海水域内，各方案的流速分布规律基本相同；在岛的北侧区域，方案 6-2、6-3 和 6-4 的流速分布基本相同，方案 6-1 与方案 6-2、6-3 和 6-4 的流速分布存在稍大差异，方案 6-1 的速度比其余方案流速小；在岛通道区域，各方案的流速分布存在较大差异。低潮时段，各方案的潮流场基本相同，整个研究区域内的流速比高潮时段的稍大。各方案的流速分布在岛周围区域和岛通道水域差异较大；在岛周围区域，方案 6-2、6-3 和 6-4 的流速分布差异较小，但与方案 6-1 的差异较大；方案 6-1 的流速比其余方案的流速小。

表 4-12　方案 6-1、6-2、6-3、6-4 流场图

		方案 6-1	方案 6-2	方案 6-3	方案 6-4
流场	涨急				
	高潮				
	落急				
	低潮				

资料来源：作者自绘。

（2）平面组合范式对填海水域水体交换能力的影响

平面组合范式对填海水域的水体交换能力有一定的影响，计算结果（表 4-13）表明，对于特定区域，方案 6-1、6-2、6-3 和 6-4 的水体交换率随时间的变化规律相同，并且其数值差异很小。整体上，方案 6-1 在特定区域的水体交换能力比方案 6-2、6-3 和 6-4 稍强，方案 6-2、6-3 和 6-4 的水体交换能力相当。

（3）结果分析与比较

对填海方案中的组合工况的四种方案进行了数值模拟，并对结果进行了分析比较。各方案的流场基本相同，其流速在岛周围区域及岛通道水域存在差异，其他区域流速分布基本相同。涨潮和落潮时段，填海水域的流速较大，且落潮时段的流速较涨潮时段的流速大；高潮和低潮时段，填海水域的流速较小，且低潮时段的流速较高潮时段的流速大。涨潮时段，填海水域在流速较大或较小时产生海床的冲刷或淤积，在岛的南侧和北侧靠近岛的水域易产生海床的冲刷，在岛通道处尤其是与海岸方向垂直的通道处易产生海床

表 4-13　方案 6-1、6-2、6-3、6-4 示踪剂浓度分布图

<table>
<tr><th></th><th></th><th>方案 6-1</th><th>方案 6-2</th><th>方案 6-3</th><th>方案 6-4</th></tr>
<tr><td rowspan="5">水体交换能力</td><td>第2天</td><td></td><td></td><td></td><td></td></tr>
<tr><td>第3天</td><td></td><td></td><td></td><td></td></tr>
<tr><td>第4天</td><td></td><td></td><td></td><td></td></tr>
<tr><td>第5天</td><td></td><td></td><td></td><td></td></tr>
<tr><td>水体交换率</td><td colspan="4">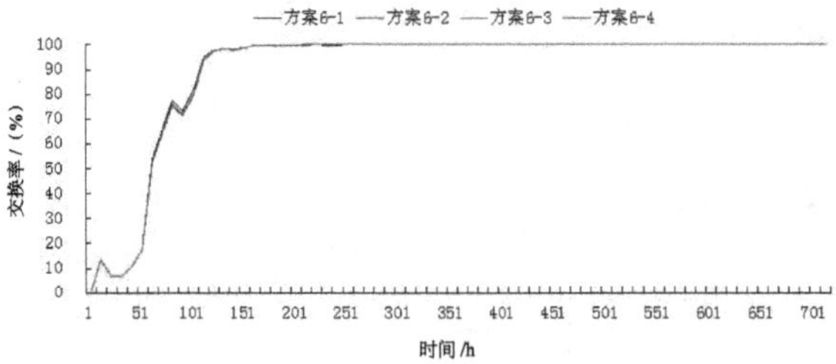水体交换率随时间变化曲线</td></tr>
</table>

资料来源：作者自绘。

的淤积。落潮时段，填海水域，如岛的北侧及南侧区域的流速较大；只有很小一部分水域的流速较小，且主要分布在岛通道水域和开边界附近。高潮和低潮时段，填海水域的流速较小，易产生海床的淤积。高潮时段，岛周围区域产生逆时针的环流，水流流速较小，海床淤积程度较大；低潮时段，在岛的西南方向区域和岛通道水域流速较小，海床的淤积程度较大。

各方案的水体交换能力差异很小；对于研究区域，水体交换能力从强到弱依次为方案 6-1、方案 6-2、方案 6-3、方案 6-4；对于特定区域，方案 6-1、6-2、6-3 和 6-4 的水体交换率基本相同。

通过对各方案的流场、流速分布和水体交换能力的分析比较，以及综合考虑组合工况的四种方案对填海水域泥沙冲淤的影响，得出方案 6-1（串联式）最优，其次为方案 6-2（并联式）、6-4（散布式）和 6-3（放射式）。

平面组合范式对填海水域水体交换能力和流场的影响较小，对填海水域的流速分布的影响较大。涨落潮时，填海水域岛通道处水流流速较小，易产生泥沙淤积；岛北侧与海岸之间区域以及岛南侧区域水流流速较大，易产生海床冲刷。平面组合范式越复杂，岛通道水域流速越小，越容易产生泥沙淤积；岛北侧及南侧区域水流流速越大，越容易产生海床的冲刷；同时，平面组合范式对岛附近区域的水体交换能力也有一定的影响，平面组合范式越复杂，水体交换能力越弱；但对特定区域的水体交换率影响很小。

4.3 海洋生态约束下的填海造地区域平面组织要点

填海造地区域的平面组织应尽量降低对海洋水动力环境的干扰，有效保护海洋生态。通过上文的制约分析和水工生态模型模拟，可总结出以下平面组织设计要点。

4.3.1 尽量避免整体性布局

布局的整体性包括两个方面：一是在填海造地区域与陆域位置的相对关系方面，采用相交、相连的方式使两者整合成一个整体；二是在填海造地区域的平面组合范式方面，采用整块式的组合方式。在具体设计时，应注意避免整体性布局，选择离岸的相对位置关系和多区块式平面组合形态，使沿岸水流顺利通过，减少对近岸流系的影响，提升近海水体循环能力。

4.3.2 差别化控制间距要素

间距要素包含岛岛间距、岛岸间距、水道宽度等内容，不同的间距要素有不同的设计要点，需进行差别化的控制。对于岛岛间距要素，应尽量减小间距，以增大岛间流速，降低泥沙淤积程度，提升水体交换能力；对于岛岸间距要素，应尽量增大间距，以提升岛岸间的海域流速，降低泥沙淤积程度，提升水体交换能力。对于水道宽度要素，当水道宽度相对较大、水道方向与潮流走向一致时，水通道区域流速较小，海床的冲刷强度较低，因此我们建议在规划设计中使水道方向与潮流走向保持一致，且水道宽度尽量拓宽。

4.3.3 追求简单的边界形状和组合范式

在填海造地区域的边界形状和平面组合范式的选择上，应追求简单的基本要点。简单的填海造地区域边界形状，可以避免产生局部环流、过低流速区域等不利的水动力情况，有利于保护海洋生态环境。而简单的填海造地区域的组合方式，可避免产生泥沙淤积，减少对海床形成冲刷，同时提升周边水体的交换能力。

第5章 综合防灾约束下的滨海空间形态设计

滨海空间由于临海靠岸的特殊区位，常受到各类海陆灾害影响。在我国，以风暴潮为代表的各类海洋灾害，致灾过程复杂、致灾区域广泛，影响时间长、频度高、灾害损失巨大。同时，在面对风暴潮等海陆灾害时，滨海空间表现出较高的承灾脆弱性，具体表现为应灾手段较为单一，防灾空间缺乏系统规划与协调，对综合灾害风险的防范能力亟须进一步提高。

目前，滨海空间对海陆灾害的主要防御手段，多立足于工程技术的视角降低承载体的脆弱性。但是，以防灾工程和市政工程为主的减灾方式，在应对灾害时具有一定的被动性，具体表现为较低的御灾覆盖能力、较单一的防灾层次与较弱的应灾韧性等特点。

因此，本章引入综合防灾约束机制，第一节对滨海空间的灾害类型和机理特征进行研究，对不同灾害阶段的滨海空间要素作用机制进行分析，并在此基础上，构建综合防灾约束下，适用于各种海陆灾害的平面组织、竖向设计和空间规划相结合的控制要素集。但由于防灾规划涉及疏灾空间、承灾空间、缓冲隔离空间等空间系统的协调，各系统之中平面组织与空间规划的部分内容很难分割。因此，本章的要素集构建包含整体布局及竖向设计两个方面，整体布局涵盖了平面组织、空间规划两部分内容。第二、三节选取滨海主要灾害，进行更为具体的设计优化解析，针对风暴潮这一最典型、最复杂、影响最大的滨海空间灾害，从整体布局与竖向设计两个方面，进行空间形态设计指引。第四节就综合防灾视角下的滨海空间形态设计要点进行总结。

5.1 滨海空间的灾害特征与关键空间要素研究

在对滨海空间进行建设改造之前，它存在着大面积的滩涂和近海岛屿、沙洲，是隔离海洋空间与大规模人口活动地区的天然屏障，能够使海浪在到达岸线之前消耗大量的波能，从而不会对近岸的工程结构和设施构成严重的破坏威胁。

但是，强烈的开发需求和人工建设改造过程破坏了这一天然屏障，使滨海空间缺乏有效的波浪防护而受到强烈的海流作用。同时，滨海空间大量的围填活动加剧了近海潮流，造成波能叠加，致使波浪破碎波向内陆移动，从而加速对海岸的侵蚀，导致海水倒灌、水面上升等衍生灾害的发生。因此，为了减少海洋灾害对滨海空间的影响，就需要明确该区域灾害的机理与特征，从三维空间的角度分析滨海空间的受灾空间机制，为构建减灾防护体系和研究空间策略进行铺垫。

5.1.1 滨海空间的灾害类型与机理特征

滨海空间的致灾因子主要可分为四类：海洋灾害、地质灾害、人工灾害、环境灾害。根据对灾害类型的归纳和对灾害特征规律的把握，为滨海空间在灾前、灾时、灾后的空间受灾机制提供理论支撑。

5.1.1.1 滨海空间的海洋灾害及特征

风暴潮又被称为“风暴海啸”，一般是由于剧烈的大气扰动，叠加上潮汐，导致的海水异常涨潮，同时带来强破坏力的浪涌，淹没码头、工厂、农田和村镇，甚至冲毁海堤海塘及其他各类滨海水利工程。该灾害的特征有以下几点：具有强烈的季节特征，带来的次生灾害复杂多变；灾害势能猛烈，引起极大的破坏力；属于突发性灾害，且周期长短不定。

海平面上升作为缓发性海洋灾害对我国的滨海空间影响很大，且会成为其他灾害的诱因，如增加风暴潮灾害的频次、侵蚀沿海低地和海岸、污染水源、使土地盐碱化和破坏生态平衡。海平面上升带来的灾害特征总结起来有以下几点：灾害诱因复杂，反应持续时间长，影响范围大（图 5-1）。

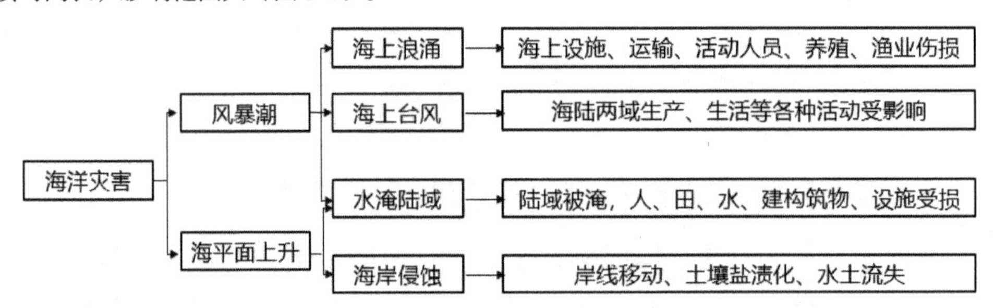

图 5-1　海洋灾害链图
资料来源：作者自绘。

5.1.1.2 滨海空间的地质灾害及特征

地面沉降是滨海空间最严重的地质类灾害，受人为填海造地工程的活动影响大。灾害有两种表现形式，分别为局部下沉和区域整体下沉。该灾害的特征有以下几点：具有突发和缓发两种属性，受人类工程影响大；容易在短期内得到控制，在一定程度上可以预判损失价值并提前预防；受资源的开采和区位地质影响比较大。

海湾淤积主要发生在入海河口和港口区域，造成这一灾害的原因可能与填海造地的技术和平面设计有关，加上风浪冲袭和淤泥地质等自然原因，部分滨海空间的海湾淤积现状愈加严重。海湾淤积不仅影响航道运行，还在一定程度上降低港口纳潮量和海水流速，对海洋经济和生态造成不良影响。此类灾害影响范围较小，在特定区域产生的灾害影响力大；灾害累计期长，治理过程花费人力、物力较大；但可以通过前期人为技术和工程对灾害加以预防（图 5-2）。

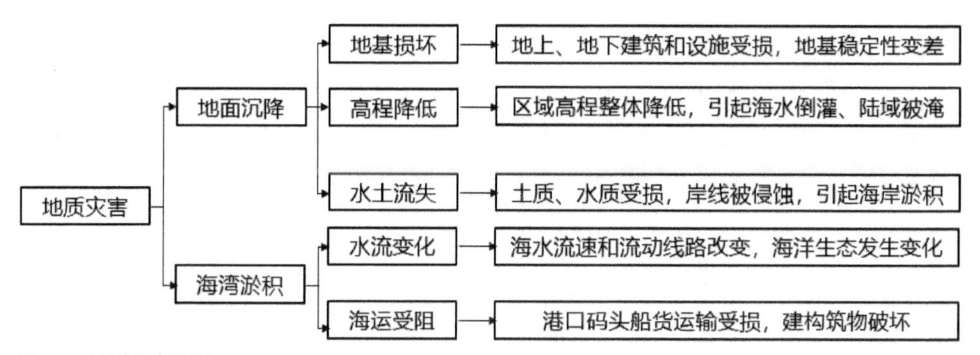

图 5-2　地质灾害链图
资料来源：作者自绘。

5.1.1.3 滨海空间的人工灾害及特征

污染排放类灾害包括污水排放、污染气体排放及固体污染物排放三类灾害。海洋作为地球上较稳定的生态系统，具有一定的纳污能力，但是，随着全球工业及城镇化的快速发展，一次性污染排放量超过了海洋自身纳污量，便会引发灾害。此类灾害有以下几点特征：污染源广，与人类生产、生活等活动关系密切；污染链长，传递途径复杂；扩散速度快，影响时间长且难以一次性彻底治理。

爆炸事故一般是由人在生产活动中发生意外引起的，属突发性安全事故。这种灾害主要有三类：化学爆炸灾害、物理爆炸灾害及物理化学爆炸灾害，上述灾害都伴随着强烈的冲击波、高温和高压及震动效应。爆炸类灾害发生时产生的直接经济损失和人员伤亡情况都很严重，并会对附近居民产生波及效应。爆炸类灾害的特征相较于其他灾害更加明显：灾害的发生不可预测；灾害波及范围广，社会影响力大；由于所处区域特征明显，易发生连环灾害（图 5-3）。

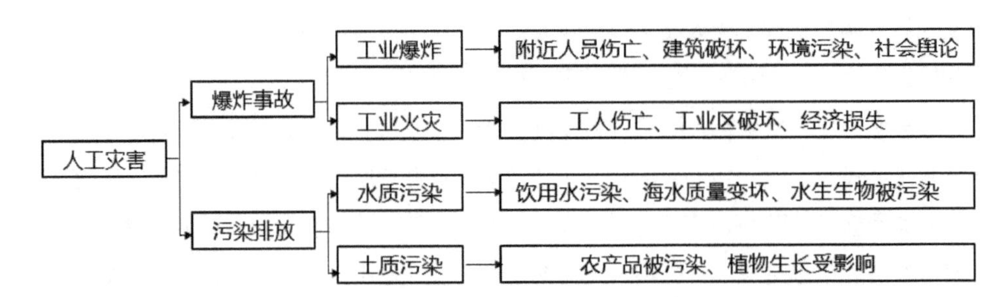

图 5-3　人工灾害链图
资料来源：作者自绘。

5.1.1.4 滨海空间的环境灾害及特征

滨海空间内，大范围的盐碱土壤给农业生产和生活带来了恶劣的影响，致使土地资源未能得到高效利用。国内土壤盐渍化灾害的特征如下：灾害区域性较强，分布范围广；灾害存在累计效果，传播速度快；灾害影响面广，主要影响生态系统健康。

赤潮是由于一些原生动物、微藻和细菌等在一定的环境条件下异常生长，引起海洋生态平衡破坏的现象。随着人类活动对海洋的依赖性逐渐增加，致使海洋污染加重，给渔业、旅游业和海洋生态环境带来了危害。赤潮灾害的特征如下：灾害生物属性强，爆发诱因复杂；危害范围广，爆发速度快；对海洋生态环境的破坏性强；爆发条件可多方面控制（图 5-4）。

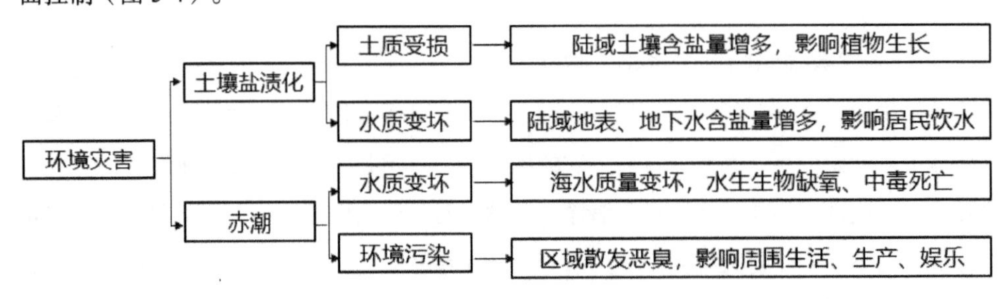

图 5-4　环境灾害链图
资料来源：作者自绘。

5.1.2 不同灾害阶段的滨海空间要素作用机制

囿于滨海空间的特殊性，该区域的八类主要灾害：风暴潮、海平面上升、地面沉降、海湾淤积、污染排放、爆炸事故、土壤盐渍化、赤潮。在灾前预防阶段、灾害抵御阶段、灾时应急阶段和灾后救援阶段，都对空间要素有各自不同的制约重点（表 5-1）。

表 5-1　区域综合防灾四个不同阶段限制条件表

<table>
<tr><th colspan="2" rowspan="2">灾害类型</th><th colspan="4">限制条件</th></tr>
<tr><th>灾害抵御阶段</th><th colspan="2">灾时应急阶段</th><th>灾后救援阶段</th></tr>
<tr><td rowspan="2">突发灾害</td><td>风暴潮类</td><td>风暴预警检测</td><td>防潮能力限制</td><td rowspan="2">避难能力限制
疏散能力限制</td><td rowspan="8">物资设施限制
灾情控制限制
恢复能力限制</td></tr>
<tr><td>爆炸事故</td><td>隐患排查检测</td><td>防火能力限制</td></tr>
<tr><td rowspan="6">缓发灾害</td><td>赤潮</td><td>海水环境检测</td><td colspan="2">物理、化学、生物控制限制</td></tr>
<tr><td>地面沉降</td><td>地基变形检测</td><td colspan="2">地基稳定限制</td></tr>
<tr><td>海湾淤积</td><td>泥沙流量检测</td><td colspan="2">输沙平衡限制</td></tr>
<tr><td>海平面上升</td><td>气候变化检测</td><td colspan="2">海水上升速率限制</td></tr>
<tr><td>污染排放</td><td>海水质量检测</td><td colspan="2">污染物排放机制限制</td></tr>
<tr><td>土壤盐渍化</td><td>土壤质量检测</td><td colspan="2">海水入渗限制</td></tr>
</table>

资料来源：作者自绘。

在灾害抵御和灾时应急阶段，各类灾害的制约重点是受灾体的承载力；突发性灾害发生时，区域的防灾疏散能力是该阶段的制约重点；灾后救援阶段所有灾害的制约体现在三个方面：物资设施供应能力、灾情控制能力和恢复重建能力。理清各类主要灾害在防灾不同阶段的制约重点，有助于整理阶段性空间要素的控制指标项研究。

5.1.2.1 灾害抵御阶段的空间要素作用机制

从灾害发生到防灾系统启动的时间段是灾害抵御阶段，在该阶段区域的地基高程、堤坝等御灾构筑物和预警系统起主要作用（图 5-5）。在该阶段，针对各项灾害，防灾系

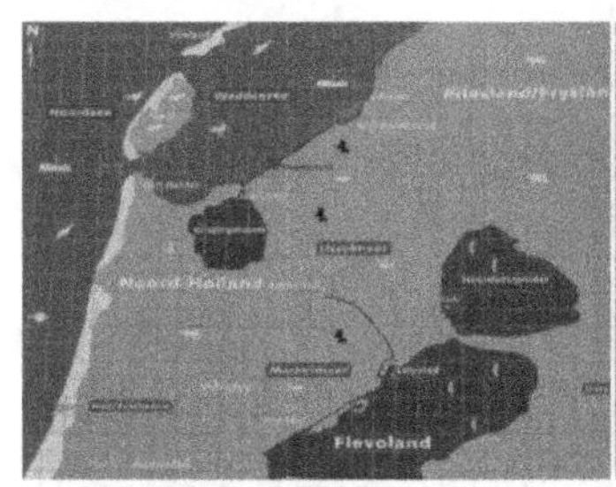

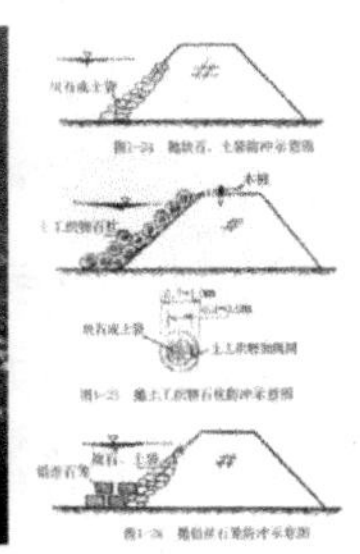

图 5-5　海洋堤坝灾害抵御工程——荷兰拦海大坝设计图
资料来源：经济新闻。

统应及时运转以抵御对应灾害。其中填造期高程设计的预见性和科学性、抗灾建构筑物的承灾性和抵抗性以及疏散救援系统是该阶段的防灾重点。

5.1.2.2 灾时应急阶段的空间要素作用机制

灾时应急阶段主要指在灾害发生期内，人们组织抗灾、疏散和应急救援的一段完整时期，与灾害抵御阶段和灾后救援阶段相衔接。其区别在于应急阶段是在灾害发生期内且伴随着各类应急措施的同时进行。该阶段防灾空间应灾效能受前期滨海空间城镇总体规划的影响，尤其是功能利用、道路交通组织和市政公共服务设施布局的合理性，直接决定人员疏散、救援和物质供应的高效性（图 5-6）。灾害应急阶段在救援的同时还要兼顾抗灾。因此，滨海空间的灾害应急阶段与灾害抵御阶段在时间与空间上的衔接更加重要，从这个角度分析影响该阶段的空间要素更加科学合理。

滨海空间灾时应急阶段的主要工作包括：提升交通线路设计的合理性、抵抗排除灾害隐患、阻止原生灾害和次生灾害的进一步扩散、组织海陆人员疏散救援、提供一定数量受灾人群短期生活必需用品和医疗市政服务设施。

图 5-6　灾害应急阶段人员组织工作图
资料来源：中国网·东海资讯。

5.1.2.3 灾后救援阶段的空间要素作用机制

灾害结束后至下一次灾害来临前很长一段时期均属于灾后救援阶段。灾后救援的时间因为灾害种类不同而有所差异。一方面，突发性海洋自然灾害、化工事故类灾害的灾后救援时间较长。另一方面，海冰、赤潮类周期发作的季节性缓发灾害，因其灾害高发期的不同，灾后救援时间也存在差异。因此，该区域的灾后救援工作不仅涉及陆域的灾后救援工作，还包括近海区的生产、生活灾后救援安排（图 5-7）。

滨海空间的灾后救援阶段的主要工作包括：调查研究可控灾害发生原因和机制、安排受灾人群到稳定安全的避难区、保障受灾人群的长期物质和生活设施供应、恢复受灾区的生产生活至正常运行。灾后救援与灾前预防一样是长期的工作，对于社会稳定和民众心理稳定至关重要，在此阶段涉及的空间要素关键特性是稳定性和长期性。

图 5-7　灾后重建、救援和卫生医疗组织工作图
资料来源：中国青年网。

5.1.3 滨海空间控制要素集

通过受灾机制的总结研究可以发现，不同灾害对滨海空间的空间要素作用机制存在共性。本书从整体布局与竖向设计的受灾机制角度出发，总结受灾空间在滨海空间规划阶段的空间控制要素系统和相应的控制要素内容，为滨海空间在整体布局和竖向设计的规划策略方法上提供控制对象。

5.1.3.1 整体布局控制要素集

整体布局可通过合理布置区域内防灾空间（即控制要素），提升承灾空间与受灾空间的应灾性能。故此，应事先建立整体布局的控制要素系统和控制要素的具体规划研究内容。其具体控制要素可参见表 5-2。

表 5-2　整体布局控制要素集

整体布局控制要素系统		要素控制内容
避灾空间系统		避难场所的选址、等级、功能、类型
疏散救援通道系统		疏散救援通道的等级、类型、功能、宽度
缓冲隔离空间系统	隔离空间	建筑物、构筑物的设置位置与防灾能力的比选
	缓冲空间	人工水道、岸线、绿色开放空间的类型选比、组合以及综合布置

资料来源：作者自绘。

5.1.3.2 竖向设计控制要素集

竖向空间在综合防灾约束下主要表现为三个方面：承灾空间的竖向空间系统、疏灾空间的竖向空间系统和避险空间的竖向空间系统。这三个系统分别从对灾害的吸纳控制、疏通引导和应急避险三个方面提升滨海空间的综合防灾水平，通过对内部要素和子系统的形态、相对高差、边界关系、等级结构等因子的控制和设计，来满足滨海空间的防灾需求（表 5-3）。

表5-3　竖向设计控制要素集

竖向设计控制要素系统		要素控制内容
承灾空间竖向系统	空间形态	基本空间形态、相对高程、边界形态
	区域交通	层级结构、相对高程、坡度
	区域排水	边界形态、底面形态
疏灾空间竖向系统	空间形态	基本空间形态、边界形态
	节点竖向	交叉关系、过渡关系
避险空间竖向系统	开放空间	屋顶空间形态、出挑形态、相对高程
	联络空间	层级结构、相对高程、坡度

资料来源：作者自绘。

5.2 风暴潮影响下的滨海空间整体布局优化方法

本节中，滨海空间的整体布局主要面对风暴潮这一最具典型性和破坏性的海洋灾害，针对该区域内防灾避难的特点，以城市空间为载体，在平面组织、空间规划方面对缓冲隔离、逃生、避难等防灾空间进行优化。旨在以整体布局为研究切入点，针对所需考量的空间等级划分、组合形式等方面，改善各类防灾空间布局的合理性，以提升滨海空间的防灾救灾韧性。

5.2.1 基于综合防灾的缓冲隔离空间整体布局优化

风暴潮等海陆灾害在三维空间上存在空间蔓延和传递的趋势。因此，需要发挥防灾空间承载阻隔、缓冲的功能，以起到减缓或阻止灾害继续发展的作用。

在滨海空间所建立的防灾分区之间所预留的缓冲隔离空间，存在多样的缓冲与隔离方式。根据其对灾害应对的方式和人工干预的程度可分为缓冲空间和隔离空间。虽然两类防灾空间对灾害造成的影响均有消减的作用，但是区别在于隔离空间注重用切断空间联系的方法，对灾害造成的影响加以干涉。缓冲空间注重建立防灾分区之间的过渡空间，借此缓解灾害的势能，起到延迟灾害造成影响的反应的作用。

同时，两类空间的划分并没有绝对的界限。主要体现在两个方面：首先，两类空间在面对不同灾害时所产生的作用不尽相同。如街道空间对火灾起到了隔离作用，而针对海水倒灌造成的洪涝灾害则仅起到了缓冲的作用。其次，在面对同一灾害及其所引发的灾害链中，同一防灾空间也会存在同时兼具缓冲与隔离的作用的可能性。两类空间布局方法可分别囊括以下内容。

5.2.1.1 隔离空间

滨海空间（海岸带）的人工建构筑物和道路可作为有效的隔离空间。例如，在易受淹没的空间节点，如桥下空间、建筑底层、地下层入口处，通过设置不同的路障和防汛墙抵挡洪水冲击造成的破碎物对空间的二次冲击（图 5-8），引导洪水路径。

建筑与灾害的隔离空间可分为三类（表 5-4）。第一，通过底层架空或建设透水性的首层建筑，规避洪水侵袭或造成小规模室内浸水，以降低区域内平均洪水位。第二，对首层防水等级较高的街区，建设相对连续或密度较高的防水建构筑物在灾时可以形成阻挡灾害蔓延的屏障。第三，建设防汛墙、圩堤为建筑提供保护。

以德国汉堡码头区为例，该区域位于城市主堤防线的前方，当受到风暴潮的侵袭时，城市建筑起到了重要的防洪作用。首先，城市建设者将建筑的统一标高抬升至海拔 8 m，避免极端水位的影响。其次，防洪底座兼做地下车库，设置有防洪闸门。在风暴潮的迎风面，建筑首层以较少的开窗和防汛设施形成了连续的密封性较好的城市界面（图 5-9、图 5-10），靠近水域一侧，建筑由钢架支撑，避免了洪涝的影响。

a) 带有永久锚板的防洪墙

b) 无永久性结构的防洪墙

c）边界墙及密封门

d）栅栏基础防渗材料防护

图 5-8　构筑物防洪隔离措施
资料来源：参考整理自 Pam Bowker, Manuela Escarameia, et al. Improving the flood performance of new buildings: Flood Fesilient construction, London: RIBA Publishing, 2007, 58-61。

表 5-4　建筑防洪隔离措施

方法		描述	示意图
透水建筑		建筑首层允许造成室内小规模的浸水，降低室外的水深，减轻墙面底部的静水压力，使建筑物避免结构性受损。 缺点：仅适用于不用作居住空间的建筑部分，地下室、露天地下空间、车库，防灾建设成本高	a. FLOOD LEVEL GROUND SLAB FLOOR BUOYANCY FORCE ADDITIONAL PRESSURE FROM SATURATED SOIL b. FLOOD LEVEL GROUND BASEMENT FLOOR BUOYANCY FORCE
抬升式建筑	底层架空式建筑	整体抬升建筑，建筑物与地基分开，由临时支架支撑，使洪水下方通过。 缺点：过高的架空，使建筑受风暴的影响更大，底部易受破碎物堵塞淤积、冲撞	SERVICE EQUIPMENT, SUCH AS UTILITIES AND ELECTRICAL CURCUITS, MOVED ABOVE FLOOD LEVEL OPENINGS ON EACH WALL ENSURE ENTRY OF WATER TO EQUALIZE HYDROSTATIC PRESSURE LIGHTWEIGHT OR MOBILE ITEMS (SUCH AS A CAR) CAN BE STORED UNDER THE HOUSE AND MOVED PRIOR TO FLOODING
	台基式建筑	建筑下面用砖石砌成的突出的平台，可防潮防洪。 缺点：过高的台式建筑影响建筑的可达性	FIRST FLOOR DOOR LIVING AREA GROUND FLOOD LEVEL
防水建筑	建筑防水	用防水涂料、不渗透膜或混凝土的补充层来密封墙壁，防洪成本低。 缺点：防水材料持续时间有限，有泄露风险	MAXIMUM PROTECTION LEVEL IS 3 FEET (INCLUDING FREEBOARD) SHIELDS FOR OPENINGS BACKFLOW VALVE PREVENTS SEWER AND DRAIN BACKUP EXTERNAL COATING OR COVERING IMPERVIOUS TO FLOOD WATER
	设置防汛墙	在水流高速通过的地方设置防汛墙。避免漂流破碎物对建筑物的影响，且不需要对建筑物进行特殊改造。 缺点：更坚固的防汛墙需要占据更多的空间资源，且防灾建设成本高	FLOODWALL IS REINFORCED AND ANCHORED TO WITHSTAND FLOOD LOAD LEVEE IS COMPACTED FILL WITH 2:1 OR 3:1 SLOPE (FOR STABILITY) SUMP PUMP REMOVES SEEPAGE AND INTERNAL DRAINAGE BACKFLOW VALVE PREVENTS SEWER AND DRAIN BACKUP

资料来源：参考整理自 Tsihrintzis V A, Hamid R. Modeling and management of urban stormwater runoff quality: A review［J］. Water Resources Management, 1997, 11(2): 136-164。

图 5-9　汉堡港向路一侧城市界面
资料来源：Google 地图。

图 5-10　汉堡港向水一侧城市界面
资料来源：Google 地图。

5.2.1.2 缓冲空间

可利用人工建设的开敞空间如水道、滞洪公园、人工泄洪沟渠等，以及自然开敞空间如坑塘、潟湖、圩田、生态河流和建设预留空间形成缓冲空间。

（1）填海造地区域的水道布局

滨海空间中填海造地区域的多样化空间组合，形成了多样化的人工纳潮和促进水循环的人工水道和水湾，并且在应对海浪侵袭时，能够提供较为迅速排水的空间以达到减灾效果。

在潮位未达到致灾水平时，人工形成的水湾和水道可以辅助地表径流和排水管网，实现汇流集水排水的效能。水湾、水道分别承担了洪涝积水的汇集与汇流，最终将其排放到海洋环境中。

同时，增强水道冗余度方面的设计也可以起到延缓减轻灾害影响，起到安全保障的作用。如增加河道的密度，提升生态岸线与人工岸线的比例，对护岸进行“绿色河道”设计。

但是在对水道工况的总结中，不同水道的泄洪能力和延缓灾害的水平各不相同（表 5-5）。除特定的空间需求（如机场）外，从水道的防灾能力来看，更为推荐混合式或网格式的水道设计，形成水道、水湾相互补充的纳潮汇水空间。

表 5-5　各人工水道类型总结

形态	水道形式	特点
鱼骨式		主要水道串联若干次要水道，形成了有梯度的防灾通道，以化解海浪势能
行列式		水道垂直于海岸线进行排列。可以起到分散海浪能量的作用
网格式		各填海人工岛之间形成了相对方正的水道，形成相对有序的主次级别和防灾梯度

表 5-5　各人工水道类型总结（续）

形态	水道形式	特点
自由式		水道形态自由。在填海人工岛大小组团中可以辨析出一定的水道秩序关系与防灾梯度
封闭式水湾		水湾并无大型开口，在形成了集中汇水纳潮空间的同时，建立了多个水道，保证湾内外海水的交换
半封闭式水湾		水湾一侧向海洋方向打开，承接并消解海浪势能。同时以水湾为中心，建立放射状水道，辅助海水及时排出
细胞式		各小岛像细胞一样形成若干聚落，其中留有水道间隔。灾后海水外排较为方便
混合式（水道＋内湾）		人工水道和水湾相结合的方式可以形成多样纳潮汇水空间和防灾梯度

资料来源：作者自绘。

（2）滨海空间（海岸带）的绿色开放空间布局

①滨海空间绿色开放空间规划的特殊性。

滨海空间的空间资源有限，宏大的绿色开放空间会造成资源浪费且并不能有效地提升防灾水平，并且绿地空间尺度过大，会造成滨海空间的空间割裂，无法渗透至每一个街区，反而增加了各街区的防灾压力和集中绿地的汇水压力，影响整体区域减灾的效率。

滨海空间的工程性防洪措施全面，但较绿色基础设施而言面对灾害时表现出较低韧性。堤坝等工程性防灾设施占用土地资源，一旦面临溃堤的风险，滨海空间的灾害影响将无法挽回。因此需采取绿色基础设施，提高堤后区域的城市韧性以节约土地，提高防灾效率。

②绿色开放空间的布局。

从规模等级化向网络化、立体化转变。绿地的规划模式应注重不同绿色开放空间的协同，避免规模等级化的绿地体系致使中心开放绿地灾害承载荷值过大，加强了各开放绿地之间网络化的联系，而使得各缓冲空间成为统一的应灾整体。

从景观化向韧性化、精细化转变。堤坝不应作为防灾空间的唯一抵御措施。当发生越浪、雨水激增等灾害前兆时，分散式、源头式的城市韧性处理手法可以延迟致灾时间。如雨水湿地、植草沟、下沉式绿地、下沉式运动场地的建设，可避免灾害初期市政排水、汇水的压力。排水沟渠与雨洪公园可以成为灾时重要的排洪通道和滞洪场地。

（3）滨海空间（海岸带）的岸线规划

人工筑堤的防灾方式占据过多空间，养护成本高，可持续性低。当发生溃堤现象时，城市内涝的较高水位难以及时排出，使滨海空间受到二次内涝灾害的影响。因此重视岸线生态化改造，成为御灾缓冲的重要措施。

基于生态化防灾的理念，美国东波士顿地区将现有硬化岸线进行了大规模改造，规划建设为滨海公园，其中抵御风暴潮等海洋灾害将成为最为关键的一环。为此将东波士顿岸线进行了两方面的规划改造，并可作为岸线设计的有益参考。

①抬升岸线，提高缓冲空间的标高。

岸线作为缓冲空间，应成为抵御洪水的重要屏障，避免洪水长期冲击带来的安全影响。东波士顿区域在设计过程中抬升沿岸主街、滨海活动场地、公园等区域的标高与周围地区相适应，避免灾害洼地的出现。对关键出入口、港口码头公园步道进行了高架设置，避免关键设施的淹没（图 5-11）。

②生态缓冲空间的建设。

减少对岸线的侵占，对硬质岸线进行破除，连通了原有绿色空间节点，形成完整的缓冲线性空间（图 5-12）。同时，将硬质岸线进行再设计，设置梯田挡土墙，种植湿地物种，恢复滨海沼泽浅滩，扩大中心浅水区栖息地面积抵御风暴潮岸线。

生态岸线的设计方法为风暴潮的冲击预留了缓冲空间，扩大了潮间带距离，减弱了海浪冲击海堤的递增势能。同时生态与人工设施相结合的岸线，构筑了多层次的开放空间，能有效模拟自然环境下应对灾害的多层次的防御体系。

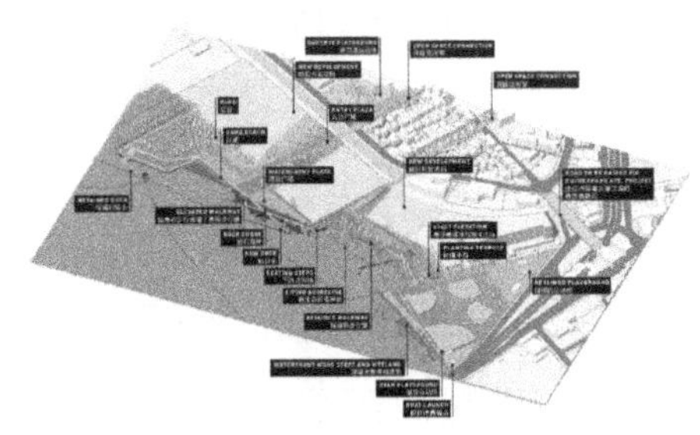

图 5-11　岸线标高的抬升

图 5-12　连续的岸线缓冲线性空间

资料来源：参考整理自 Stoss. Coastal resilience solutions for east boston and charlestown, the USA[J]. Landscape Architecture Frontiers, 2018, 6(4): 76-85。

（4）滨海空间（海岸带）的道路交通布局

最后，针对风暴潮导致的快速积水，滨海空间的道路系统能够起到辅助引流行泄的重要作用。道路的竖向空间、断面、宽度、标高控制点的设计应结合滨海空间的地形地势进行布置，综合场地高程，顺应排洪方向，对径流汇水起到整体控制。针对地势低洼如桥下空间、下沉道路等易积水单元，应当事先考虑泵站、排涝设施，泄洪、滞洪区域在空间平面上的协调布置。

5.2.1.3 缓冲隔离空间的整体布局方法

缓冲隔离空间的整体布局是基于堤防、岸线、绿色开放空间、建构筑物、道路的一体化布局。具体体现为三点：第一，向海一侧，减小堤坝的坡度，增加潮间带的宽度，扩展更多的纳潮空间，恢复岸线的生态功能，保育水土，以缓冲海浪的侵袭。第二，堤顶作为防洪标高设计的最高位置，可拓宽堤顶宽度，在提升堤坝稳定性的同时，亦可使其作为重要的缓冲空间和疏散空间。第三，堤坝向陆一侧采取阶梯式布局。将密集的居住与工业区分级而置，便于堤坝内侧的排水，规避了风暴潮灾害在水平空间的蔓延。此外，每一级平台利用建筑与构筑物可以形成舱壁模式，规避极端水位侵袭。

以日本修建堤坝为例，考虑到东京沿河建筑物和基础设施的价值很高，以及土地所有权的重要性，不可能拆除城市地区来建造堤坝。因此，超级大堤只能与城市更新项目相结合。在规划沿河的城市更新项目时，河流管理者参与其中，并在城市更新规划中，将应急泄洪河道、建筑、绿色开放空间、堤坝进行一体规划（图 5-13），集成了一个超级大堤。任意段超级大堤的本身不会对降低洪水发生的可能性产生任何影响。只有随着

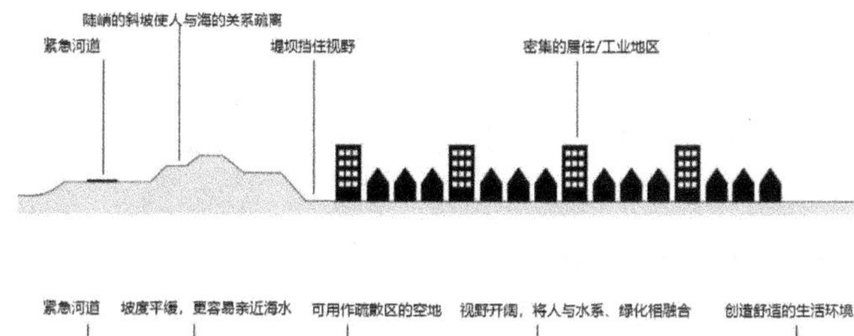

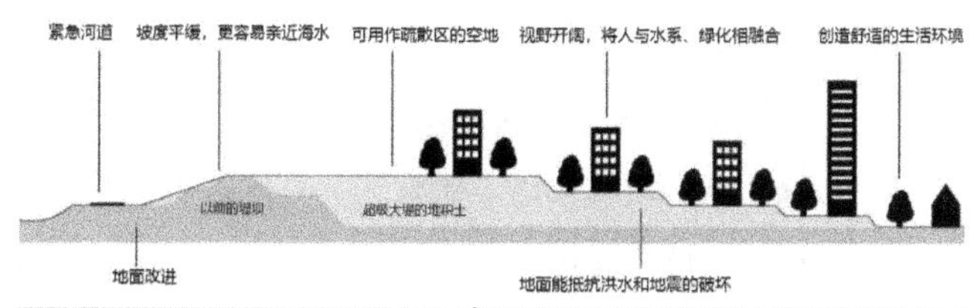

图 5-13　缓冲隔离空间的整体布局
资料来源：参考整理自 De Graaf R E. Flood-proof ecocities: Technology, design and governance[M]. Resilience and Urban Risk Management. Routledge in association with GSE Research, 2012, 39(47): 39-47。

城市更新改造的进程，多个防洪堤段连接起来以形成防洪堤时，才会产生抗洪作用。超级大堤的例子说明了可以将城市隔离缓冲空间与堤坝工程相结合，从长远角度的城市更新改造工程，提升区域的整体防汛能力。

5.2.2 基于综合防灾的疏散救援通道系统整体布局优化

疏散救援通道是受灾人员连通避难空间的纽带，是救援人员展开施救的通廊。滨海空间可以形成海、陆、空多种形式相结合的多样化的疏散与救援通道空间。

5.2.2.1 多类型疏散救援通道比选

不同类型的疏散救援通道在救援时间段、运载能力、组织方式和空间的局限性方面

表 5–6　各类疏散救援通道的比选

疏散救援通道的类型	有效疏散救援时间段	空间局限性	运载能力	组织方式
道路疏散救援通道	灾前、灾时部分时间段、灾情稳定后	中	强	通过城市道路交通组织
水运疏散救援通道	灾前、灾时部分时间段、灾后	中	中	水道、码头
空中疏散救援通道	灾时、灾后	强	弱	停机坪
慢行疏散救援通道	灾前、灾时部分时间段、灾情稳定后	弱	中	结合城市空间：开放空间，道路自行组织

资料来源：作者自绘。

（表 5-6）互为补充。例如，道路交通主要体现在的紧急疏散和灾情稳定情况下的救援，其主要依托于疏散救援通道的运载能力和通行效率。面对灾情的迅速蔓延，路面径流加大，交通秩序混乱等因素导致的车辆失去运载能力等情况时，应调动受灾人员通过慢行系统进行自主疏散。

步行疏散救援通道有较强的应激能力和自行组织能力，可以结合城市开放空间进行疏散和集结，无需大型的救援设备。但是该通道的疏散能力有限，常需要其他疏散救援方式和通道进行补充，以实现受灾人员二次转运至长期的避难场所。

水运疏散救援通道虽然不受陆上灾情影响，但是水道受海浪、水位影响较大，有搁浅风险。同时水道设计对末端空间不能实现覆盖，难以延展至每一个街区，展现出其在灾前疏散救援的空间局限性。当灾情严重摧毁码头等转运枢纽时，海陆联系切断，水运疏散救援通道的救援效率将大幅降低。

空中疏散救援通道，可迅速展开精确的救援活动，进行定点的物资投放和受困人员的解救。但需要特定的起落点，受场地影响大，且运载能力有限。

5.2.2.2 填海造地区域的水道疏散救援通道

对于填海造地区域，在风暴潮造成桥梁受损，隧道积水等灾害情境下，岛岸联系受阻，水路交通可以作为陆路交通的有效补充，避免陆地交通所产生的单向性，而利用水道向广域范围疏散与救援。

填海造地区域应利用多样化的水道布局方式。在灾时用以联系海陆空间。水道交通虽未形成明确的功能用途划分，但对其水道的宽度、形态加以一定的控制，可以有效提升灾时的交通效率，完善水道的方向识别性。

从水道形态类型上划分，可分为六种形式（表 5-7），其在方向的识别性和交通效率上各有利弊。综合来看，行列式、鱼骨式、自由式、细胞式水道，结合规划布局多应用于灾害疏散压力较小的滨海度假休闲、居住等空间。混合式、网格式水道应用于开发规模较大且空间布局较为规整的城市综合建设区，疏散性能较优。

另外，在风暴潮致灾过程中，水位升高，水道边界模糊，漂流物及泥沙在潮涨潮落后可能造成水道的阻塞，导致救援船只搁浅，因此水道的平面布局应留有足够的水道宽度，适应不同的水运交通需求。虽然水道宽度较航道宽度而言，在规模等级上有较大差距且受横向洋流作用较小，但主要水道宽度在适应救援指挥船只的双向交通和富裕宽度等影响因素方面仍有借鉴意义。

表 5-7　疏散救援水道类型总结

形态	示意图	方向识别性	交通效率
鱼骨式		具有主要水道轴线和若干并列次要水道，主次关系清晰，方向识别性好	通行能力由主要水道承担，与支线水道相交形成若干交通节点，疏散性能一般
行列式		若干水道垂直岸线平行排布，水道等级均质，主次关系不明显，方向识别性好	多条尽端式水道并置，水道间联系性弱，疏散能力一般
网格式		水道横纵相交，棋盘式布局形态规整，方向识别性好	提供了多样化的路径选择，形成了交通网络，疏散性能强
自由式		水道形式自由，没有明确的水网结构和等级关系，方向识别性差	路网复杂，疏散性能差
细胞式		水网空间均质，方向识别性较差	水网密度高，疏散能力强
混合式		采用海湾和水道结合的手法，创造多样化的水空间，形成空间节点，主次结构清晰，方向识别性好	各类水道及海湾相结合形成了有梯度、多样化的海上疏散空间，疏散能力强

资料来源：作者自绘。

5.2.2.3 滨海空间（海岸带）的道路疏散救援通道

道路交通系统是滨海空间重要的救灾保障设施，其在灾时人员的疏散和灾后的物资运输等方面发挥了重要作用。各空间系统的功能发挥，都需要道路系统的正常运作才能完成。因此，道路在防灾过程中的避难与救援具有关键作用，是整体布局必须要架构的内容之一。合理的道路交通结构、级别、功能是疏散救援的基本骨架脉络，是支撑灾时人流、物流的空间载体。适宜的道路宽度、街区尺度和和交通管理是灾时疏散救援的重要手段。

（1）组织有效的疏散救援道路网结构

直接滨海岸线区域中路网设计的制约性较弱，通常采用利于救援疏散的网格式布局。

填海的规模和平面组合方式对其影响较为显著，放射式道路、并联式道路、串联式道路结构呼应不同用地的功能用途，各个填海人工岛可以形成相对自由的灵活布局。但是在防灾疏散过程中，各路网结构的交通组织在内部交通组织单元、各交通单元的交通整合能力与内岸的联系程度存在差异（图 5-14），应选用与功能用途、组合方式及规模相适应的交通结构模式进行有效组织。

从填海的组合方式来看，截弯取直式的填海造地区域可以整合原有的路网肌理和结构，用地完整，无需增加离岸的交通联系设施，拥有较强的内外部交通网络联系性。突堤式的填海造地区域拥有相对完整的用地，内部道路网络联系性强，但是需要内岸的道路中枢或额外增加主要干道，进行交通的整合，交通联系性较强。离岸人工岛由于离岸隔海，在防灾疏散中除需考虑内外部的连接性外，还需考虑交通的导向性，以及交通单元、内岸交通联系单元之间的相互关系。

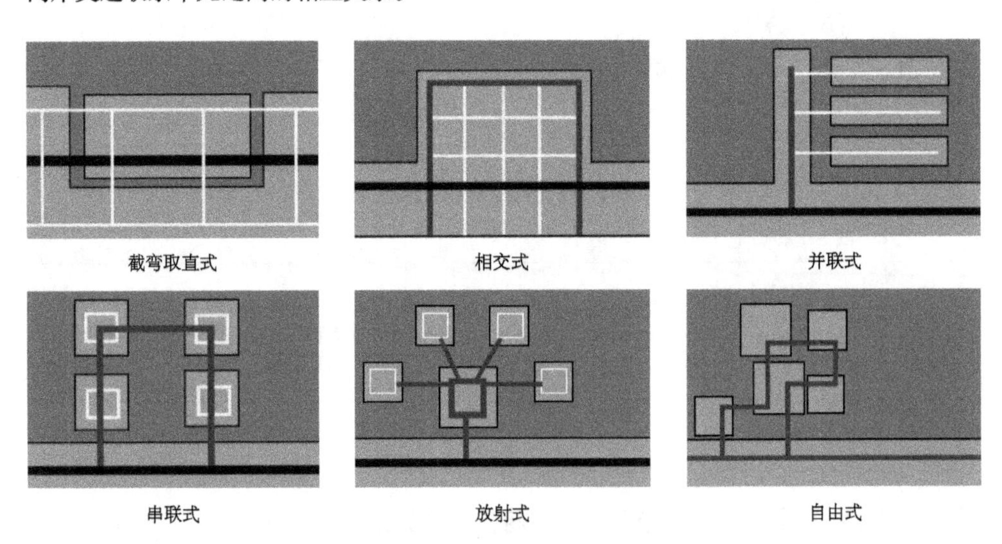

图 5-14　各填海组合方式下的疏散救援道路网结构
资料来源：作者自绘。

在离岸填海人工岛的路网结构交通疏散能力比较中（表 5-8），放射式、串联式、并联式路网适宜中等规模填海造地区域的疏散救援需求。放射式的路网组织有较强的向心性，中心岛的环形路网可以作为交通中枢整合各个交通单元，但需要通过海底隧道或跨海大桥作为交通联系单元，灾时交通联系单元的疏散压力较大。并联式的路网的主要道路对各支路交通单元进行整合的同时，还需要承担内岸的交通联系功能。串联式路网的主要道路在作为主要交通主干连接和组织各个交通单元的同时也承担着联系内岸的功能，

表 5-8　离岸填海人工岛路网结构交通疏散能力比较

路网模式	散布式	放射式	串联式	并联式	网格式	自由式	复合式
内岸交通联系单元	×	△	△	△	√	△	√
内部交通连接性	√	△	△	△	√	△	√
交通整合单元的能力	×	√	△	△	△	×	√
路网导向性	×	√	√	√	√	×	△

资料来源：作者自绘。

因而较并联式道路交通疏散压力更大。

自由式路网加强了各交通单元联系，但是缺乏主要的交通整合单元，各交通单元与内岸联系性弱，交通导向性差，适宜较小规模的填海造地区域。网格式路网，导向性强，与周边地块的横纵交通的连接使得内外部联系性好。复合式的路网结构可以适应较大规模的填海造地区域的防灾疏散需求，内部交通单元建立了多样的联系的同时，在与内岸的交通设施数量上也提供了更多的空间支撑。

从用地功能来看，港口工业有特殊用途需求的用地，受场地特征和交通运输快速吞吐的影响，应避免散布式的疏散救援路网结构。滨海休闲、居住场地布局灵活，路网结构兼容性较强，但应注意路网结构的简洁，在灾时能提供明确的导向性。城镇综合用地具有居住、商业办公、教育医疗等多种综合性功能，应多采用复合式和网格式路网布局。网格式道路以其较强的导向性和内外部交通的连接性，适用于城镇地区人流物流的迅速疏解和灾后救援工作的展开。

（2）明确疏散救援道路的级别与功能

疏散救援道路的功能与级别分类在引导救援车辆和避难人员，联系避难场所和交通枢纽中发挥重要作用。日本国土交通省将道路系统视为灾害发生后，确保紧急活动，连通重要救灾设施的重要途径，并将紧急运输道路分为三级，如图 5-15 所示，覆盖了东京湾填海区域，用以疏散救援以及紧急物资的供应，是连接高速公路和国家高速公路的主干道路等重要交通中枢的交通动脉，三级功能如表 5-9 所示。

台北市根据灾时道路的交通设施使用功能及道路救援疏散所需的道路宽度，将防灾疏散救援通道划分为四种类型，分别为紧急通道、救援输送通道、消防通道和避难辅助通道（表 5-10）。

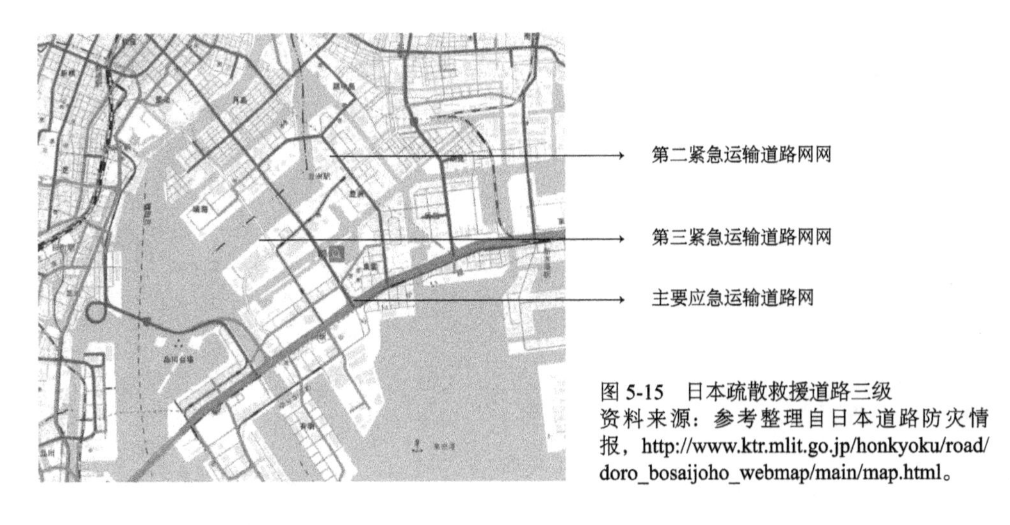

图 5-15　日本疏散救援道路三级
资料来源：参考整理自日本道路防灾情报，http://www.ktr.mlit.go.jp/honkyoku/road/doro_bosaijoho_webmap/main/map.html。

表 5-9　日本疏散救援道路功能

功能类型	防灾作用
主要应急运输道路网	连接县政府所在地、区域中心城市和重要港口、机场等的道路
第二紧急运输道路网	连接主要紧急运输道路和市政办公室，以及主要防灾基地（行政机关、事业单位、主要站点、港口、直升机场、灾害医疗基地、自卫队等）的道路
第三紧急运输道路网	其他道路

资料来源：参考整理自日本国土交通省网站，http: //www.mlit.go.jp/。

（3）设置必要的疏散救援通道的宽度保障

风暴潮等灾害容易造成道路两侧高空建构筑物跌落，沥青路面浸水开裂、行道树倾倒，建筑破碎物随洪水堆积等现象，侵占堵塞疏散救援通道。因此应当设计合理的道路宽度，

表 5-10　台北市疏散救援道路功能

功能类型	宽度	防灾作用
紧急通道	20 m 以上	连通全市各区域主要对外道路，并设以辅路
救援输送道路	15 m 以上	此层级道路主要提供避难人员通往避难区的路径，以及车辆运送物资至各防灾据点的功能
消防通道	8 m 以上	为使消防救援车辆顺利通过连接各个街区，并能够有效覆盖消防半径
避难辅助通道	8 m 以下	连通其他避难空间、防灾据点和前三等级道路

资料来源：参考整理自陈建忠的《台北市内湖地区防灾空间系统规划示范计划书》。

为灾时的道路预留足够的宽度。

有学者将受灾时道路两侧建筑坍塌的高度作为影响救援车辆正常通行主要指标。如傅小娇[1]总结防灾道路的计算公式为 $W = H_1/2+H_2/2-(S_1+S_2)+N$（$W$ 为道路红线宽度，H_1、H_2 为两侧建筑高度，S_1、S_2 为两侧建筑退红线距离，N 为防灾安全通道宽度）。

但是并非所有道路都需要据此公式计算宽度进行设计。靳瑞峰认为疏散救援通道与道路两侧的建筑数量和构筑物也具有相关性。同时，疏散救援道路道和道路两侧用地的属性有相关性。例如工业用地道路之间主要由绿带进行分割，而根据道路两侧建筑高度推演的道路宽度显然不符合防灾需求，且会造成土地浪费。

再比如在开发强度较高的城镇综合区，由于退线距离过大，会造成土地经济成本和街道城市景观的损失（图 5-16、图 5-17）。此种情况下可以采取减少行道树的种植、减小行道树退让道路红线的距离、增加行人道宽度比例、压低路缘石等措施，有效补充紧急救灾道路在灾时的通行宽度（图 5-18、图 5-19）。

图 5-16　纽约曼哈顿岛华尔街附近街景
资料来源：Google 地图。

图 5-17　纽约曼哈顿岛帝国大厦附近街景
资料来源：Google 地图。

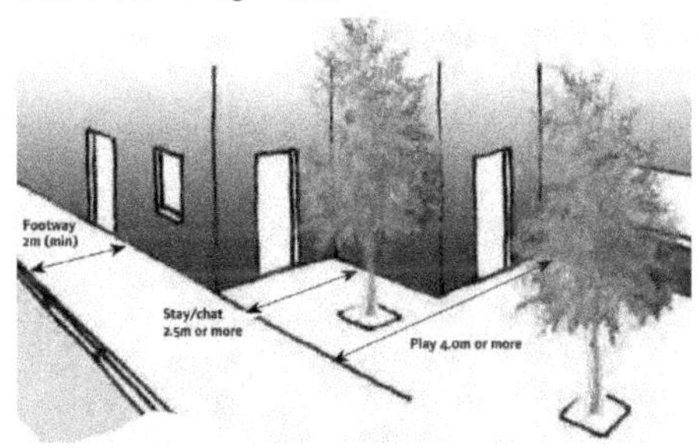

图 5-18　利用建筑转角种植行道树
资料来源：参考整理自 Department for Transport, Communities and Local Government. Manual for streets[M]. Thomas Telford Limited, 2007。

图 5-19　传统行道树种植方式
资料来源：作者改绘。

1 傅小娇 . 城市防灾疏散通道的规划原则及程序初探［J］. 城市建筑，2006（10）：90-92.

（4）进行道路的立体分层、增加路网密度，减少交通冲突点

滨海空间由于土地资源的局限性，建设地面紧急救灾的备用道路成本高。同层平面布置过多的紧急救灾备用道路，过度占用地面层空间，甚至对灾时交通的正常运转起到负向作用。

据此应当从两方面采取规划措施：首先，建立多层平面的立体式交通，引导不同的车辆和人流。其次，增加路网密度，提升道路的冗余度，增加灾时救援避难路线的选择，减轻灾时道路使用效率低下，交通集中于同一线路的压力，避免因交通的进一步阻塞致使的瘫痪。

①将城市重要街区整体抬高，建立多层不同标高平面，分流车辆。

19 世纪埃利斯 · 西伽斯伯通过排水工程将芝加哥城市整体标高提升 3 ft.（0.91 m），以避免水患影响，自此拉开了城市道路及交通立体发展的序幕。当前如 Lower Wacker、Lower Michigan 等地下街道分布于卢普区和河北区道路疏散能力较弱、交通易堵区域。

其主要功能在于运输货物和城市垃圾，在灾时可以避免地面层交通阻塞，直接对城市中心重要区域进行救援。道路系统分为地上层、地面层和地下层，各层均有联系。整体道路标高设计均高于水面标高，总计 15 条。地下道路部分设双向四车道，两侧另有两条辅路，供车辆进出建筑物（图 5-20、图 5-21）。

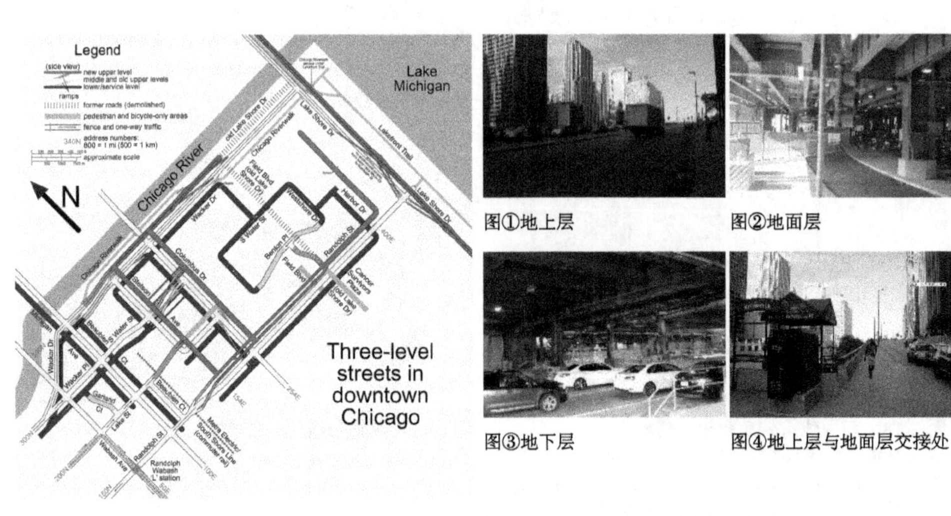

图 5-20　芝加哥道路网平面图
资料来源：Wikipedia。

图 5-21　芝加哥道路各层实景
资料来源：作者自绘。

②增加滨海空间城市核心区的道路网密度，并控制道路宽度，提升城市疏散救援通道的冗余性。

当前我国所建议的城市道路网间距为：快速路 1500~2500 m，主干路 700~1200 m，次干路 350~500 m，支路 150~250 m 的道路密度模式。此种模式带来的问题在于城市支路常出现丁字路和内环路，连通性低，难以形成道路疏散网络（图 5-22）。城市主干道与城市次干道过于注重等级划分造成了稀疏的城市大街区（图 5-23）。

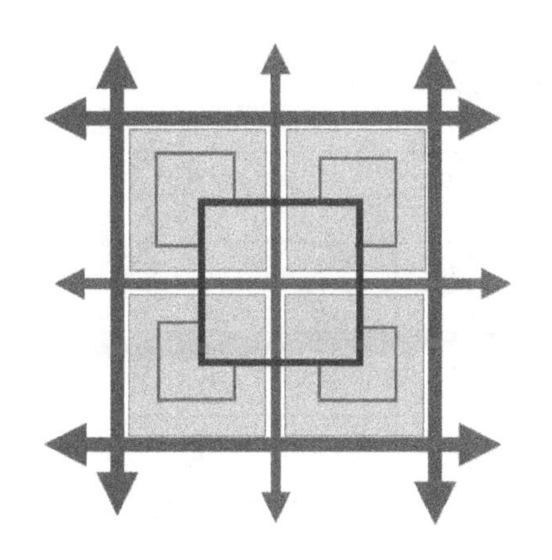

图 5-22　我国路网结构组织方式
资料来源：作者自绘。

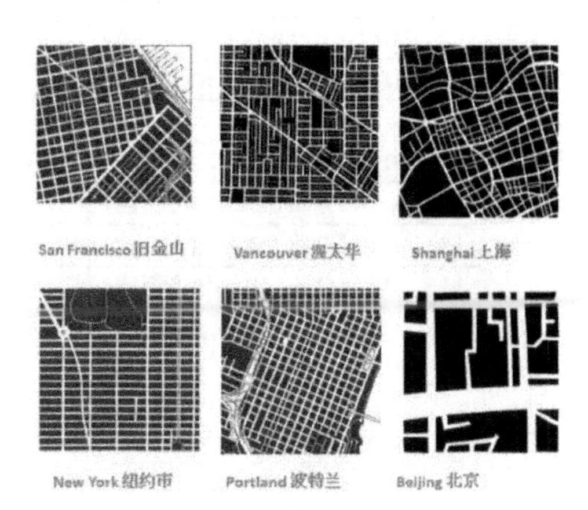

图 5-23　各国城市街区尺度对比
资料来源：参考整理自姜洋、王志高的《“窄马路、密路网、开放街区”：怎么看，怎么做？》http: //www.chinastc.org/cn/23/548。

与密路网小街区相比，大街区虽然可以提供城市沿街一侧较为延续的界面，但不能提供两目标点间多种路径的选择，导致路网的稳定性低，面对灾害表现出道路系统的脆弱性。一旦灾时道路系统某一环节受灾情影响，就会导致整个道路系统的瘫痪。

在滨海空间，在道路总面积变化浮动不大的情况下，应当将提升道路网密度，减少道路的宽度作为疏散救援通道设计的首选。基于此我国学者根据我国路网的现状（表 5-11），提出融入窄路密网的规划思想并设想有多种模式，在保证街区面积、周长减幅不大的情况下，有效地提升了道路网密度。

5.2.2.4 滨海空间（海岸带）的慢行疏散救援通道

在风暴潮致灾过程中，不同的交通方式，其疏散救援能力有一定时间与空间限制，

表 5-11　街区尺度与路网密度

规划模式	序号	构成道路类型	1 km^2分成的街区数/个	街区边长/m	街区面积/hm^2	路网密度/(km/km^2)
A传统规划模式	A1	60m主干道	1	940.0	88.36	2
	A2	60m主干道，40m次干道	2	450.0	20.25	4
	A3	60m主干道，40m次干道，20m支路	4	215.0	4.62	8
B“密路网，小街区”规划模式	B1	30m二分路，20m地方街道	4	225.0	5.06	8
	B2	30m二分路，20m地方街道	5	176.0	3.10	10
	B3	30m二分路，20m地方街道	6	143.3	2.05	12
	B4	30m二分路，20m地方街道	7	120.0	1.44	14
	B5	30m二分路，20m地方街道	8	102.5	1.05	16
	B6	30m二分路，20m地方街道	9	88.9	0.8	18
	B7	30m二分路，20m地方街道	10	78.0	0.79	20
	B8	30m二分路，20m地方街道	11	69.1	0.48	22
	B9	30m二分路，20m地方街道	12	61.6	0.38	24
C两种模式相结合	C1	60m主干道，40m次干道，30m二分路，20m地方街道	6	136.7	1.87	12
	C2	60m主干道，40m次干道，30m二分路，20m地方街道	8	97.5	0.95	16
	C3	60m主干道，40m次干道，30m二分路，20m地方街道	10	74.0	0.56	20

资料来源：参考整理自申凤、李亮、翟辉的《“密路网，小街区”模式的路网规划与道路设计——以昆明呈贡新区核心区规划为例》（引自《城市规划》，2016 年第 5 期，43-53 页）。

应实现多种交通方式和疏散通道的结合。慢行疏散救援通道是面对突发灾害时，人员迅速集结、展开自救的空间载体。该通道弥补了交通设施覆盖范围的不足，并提升了缺乏足够交通保障的街区的疏散救援效率。

滨海空间拥有众多服务公众的亲海空间，是需要重点进行疏散的区域，应当重视疏散通道的规划建设。依据风暴潮灾害的成灾过程，避难人员逃生的方向主要分为两类：一类是从沿海向内陆安全地带的撤离；另一类是地面层向地上层的疏散。疏散通道的侧重点也各不相同，前者强调从亲海空间到远海空间的疏散，后者注重从受灾空间向非受灾空间的转移。

依据避难人员的逃生方向，在慢行疏散救援通道的设计中，不仅应关注包括道路系统划定的人行空间，还应额外重视弥补城市慢行疏散的断点连通不同高度空间平面，发挥街道在滨海空间的作用等方面。

①创造以人为本街道，丰富城市慢行空间作为疏散救援通道。

城市道路主要存在以下问题：首先，隔离栅栏等硬性隔离设施分割了以街道为核心的城市慢行空间，降低了疏散效率。其次，私家车停靠导致自行车道狭窄且不连续。最后，路口间距过长，避难人员承担较大交通风险。基于此，应恢复城市街道作为城市空间，分配更多道路空间比例给避难人员，减少避难人员与车量的冲突，建立连续的慢行疏散救援通道。

纽约曼哈顿岛 Allen 街和 Pike 街形成了一条宽阔的、双向的、中间分隔的主干道（图 5-24、图 5-25），为了更好地组织交通，缩短交叉口距离，创造一个更安全的行人和骑行疏散通道，管理部门将中心地带的两段改造成了一条吸引人的人行道和物理分隔的自行车道，封闭了四个低等级的十字路口，使其在灾时不受车辆的干扰。创造了一个只有行人的广场，降低了过街路口距离过长带来的安全风险。这一设计提高了 Allen 和 Pike 街道上街道使用者在灾时疏散的安全性。

②城市立体的慢行空间成为灾时慢行疏散救援通道的有益补充。

立体的慢行疏散救援通道是有效规避地面灾害和车流的空间手段。立体慢行疏散救

图 5-24　改造前

资料来源：参考整理自 Basch C H, Ethan D, Zybert P, et al. Pedestrian behavior at five dangerous and busy Manhattan intersections[J]. Journal of community health, 2015, 40(4): 789-792。

图 5-25　改造后

援通道可分为地上高架步道和地下空间，用于整合街区内的建筑出入口，联系各重要建筑和城市空间。因地下空间在灾时存在海水灌入、难以排涝的风险，故在此仅论述高架步道。

当前韩国、美国、德国等多地都结合自身实际情况建立了可用于灾时疏散救援的高架步道。高架步道可避免地面复杂的交通环境、洪涝以及灾害洼地的干扰，克服河道、

铁路等线性空间在地面层造成的空间割裂，为避难人员提供了连续的逃生通道。

首先，提升高架步道的可进入性。高架步道应衔接各街区楼宇和避难空间的出入口，连通内陆的高地，保证步道的宽度与周边的建筑用途与规模相适应，并设置坡道与升降扶梯。其次，高架步道应提供相应的照明、饮水、休憩场所，并结合高层建筑裙房，设计多样的疏散平台（图 5-26），丰富高架步道作为疏散救援通道的功能，提升高架步道抵御灾害的综合能力。

图 5-26　HafenCity/Hamburg 高架步道系统
资料来源：Google 地图。

③缝合地面层的割裂点，保证慢行疏散救援通道贯通。

在现实情况中，由于围填海工程缺乏统一的规划，城市快速路、铁路等线性要素，将亲海空间与远海空间进行分割，造成滨海空间的“孤岛效应”，严重影响慢行疏散救援通道的畅通。而架设天桥的方式，易产生瓶颈效应，降低疏散效率，且不同高度平面间的转化，势必会产生疏散的安全问题。

基于线性要素对亲海空间和远海空间的割裂，可采取路面上盖，交通地下化等措施，并对地面空间进行开放空间的再设计。以波士顿肯尼迪绿道线性公园规划为例，波士顿通过将阻隔避难的过境高速路地下化，打造地上绿带公园（图 5-27、图 5-28），保证了滨海受灾被困人员向远离海滨的空间撤离的畅通，该项目成为波士顿市中心连接亲海空间的重要纽带，成为避难人员重要的中转通道走廊。

图 5-27　中央干道改造前
资料来源：Google 地图。

图 5-28　改造后的肯尼迪绿道
资料来源：Google 地图。

5.2.3 基于综合防灾的避灾空间整体布局优化

避难场所在整合救援资源、城市基础设施、救援场地等方面有巨大优势。在灾害发生的全过程中，避难空间主要分为供避难人员紧急疏散集结、临时中转避难、长期生活避难三个层面的作用。

5.2.3.1 避难场所的特殊性

（1）强调立体化避难场所的建设

风暴潮灾害情境下，滨海空间受地表径流和风暴的双重影响。因此室外开放空间，将承担分洪泄流的压力，并不能作为安全的避难场所供人进行长时间的停留。相反，立体化的城市建构筑物可以远离地面层灾害的侵蚀，抵御风暴造成建筑的受损和倾倒，形成有效的防风避洪屏障。

（2）避难场所的空间结构受平面组合方式影响

滨海空间的平面组合方式影响了避难场所的空间结构布局，也间接造成了均质型结构和中心型结构（图 5-29、图 5-30）两种代表性结构的差异性。

中心型结构的滨海空间有两级以上的避难场所，具备规模较大的长期避难场所，各避难场所的防灾等级明确，有良好的防灾梯度，辐射面积广，节约空间资源。而均质型结构有两级以内的避难场所，每个区块避难场所规模相对均质，各避难场所辐射面积有限，难以形成集中避难场所，灾时救援资源的整合能力有限，需要向内陆一侧进行多次的避难疏散的转运工作。

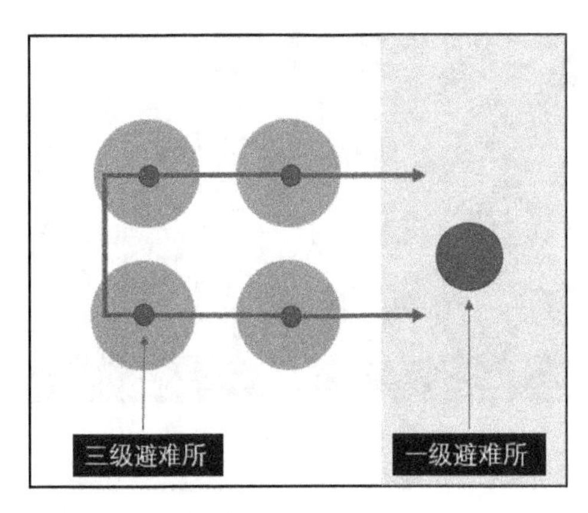

图 5-29　均质型结构
资料来源：作者自绘。

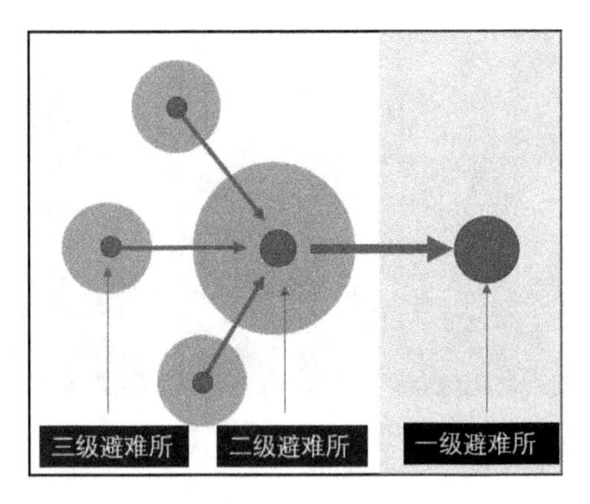

图 5-30　中心型结构
资料来源：作者自绘。

5.2.3.2 避难场所的层级

当前我国城市应急避难所根据场所的规模、场所设置的覆盖半径、选址、建设方式等要素划分为一、二、三级避难场所。但是，由于个别滨海空间的空间规模有限，对内陆腹地有一定依赖，因此滨海空间的避难场所是一个半开放的体系。

对于避难场所缺乏的滨海空间，应结合腹地区域共同形成一个完整的避难体系，将滨海空间避难场所均质型结构向中心型结构转化（表 5-12）。同时，应注重创造有层次的防灾梯度，满足不同级别避难场所的特点，实现功能上的互补。

故此滨海空间应当建立四级避难场所体系，即临时疏散集合场所、应急防灾避难场所、中长期中心避难所以及陆域安全避难区。

表 5-12　不同层级避难阶段及场所需求

致灾过程	致灾前	灾害发生初期	灾害发生中期	灾害发生后期
避难阶段	第一阶段	第二阶段	第三阶段	第四阶段
避难时间	致灾前	灾后一至三日内	灾后三日后至一周	灾后一周至四周
避难特征描述	灾害发生时有大风及道路淹没风险，应及时向公园、广场、坚固的建构筑物等高地进行人员中转	在风暴潮后，有建筑物浸泡倾倒、道路淹没的可能性，因此避难以选择临时避难场所为主	灾后三天至一周内，部分居民返回家中，仍有部分受灾人员留在临时避难场	无法马上恢复正常生活的受灾人员应当转移至陆域获取灾后长期收容

资料来源：作者自绘。

5.2.3.3 避难场所的组成

就滨海空间而言，应急避难所包括：体育场、室内公共的场馆、学校，广场、绿地以及具有防灾功能的各类城市建筑物与构筑物。就空间形式可分为以室外开放空间为主的疏散集结场所和以防风抗洪的建筑为主的室内防灾场所。根据建筑的防护能力和规模又可分为应急防灾避难场所和中长期中心避难场所（图 5-31）。

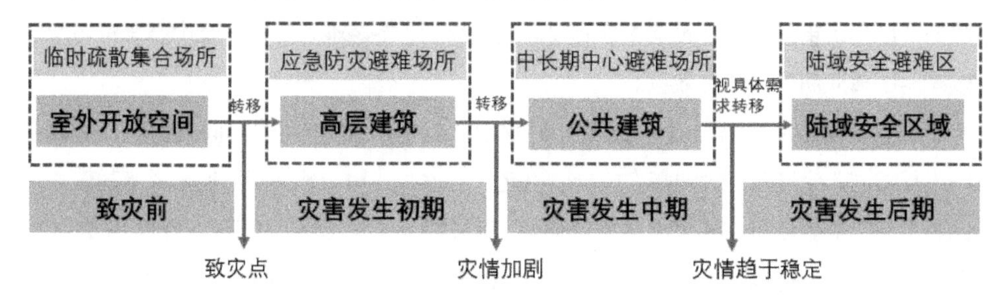

图 5-31　避难场所的组成
资料来源：作者自绘。

（1）滨海空间（海岸带）的绿色开放空间

开放空间是避难流程中的第一步。室外开放空间主要包括广场、停车场、街头绿地、口袋公园、露天体育场和具有防灾设施的城市公园。此类开放空间，应确保避难在安全出入的情况下，注重三维空间的设计，创造丰富的平面标高（图 5-32），避免开敞空地漫水的影响。

同时，开放空间应以城市防灾分区为指导，结合开放空间的形式和形态，搭建防灾梯度分明、网络化的应急疏散集结的防灾格局。以线状空间作为引导，由点状、块状作为应急疏散点，提供临时避灾空间和必要的生活救援设施，以供避难人员进行简单的休整，并展开下一步的救援工作。以芝加哥千禧公园为例，避难人员可在附近街道集结至中心绿地后，通过空中连廊转移至南侧的现代之翼艺术馆的二层平台（图 5-33）。

图 5-32　避难通道及避难场所的衔接
资料来源：Google 地图。

图 5-33　开放高地作为临时集合场所
资料来源：Google 地图。

（2）滨海空间（海岸带）的高层建筑

当灾害已严重影响避难活动的开展时，应就近选取高层建筑进行应急性的防灾避难。首先，相较于多层砖混结构、木质结构和室外开放空间，高层建筑物以钢结构为主，抗风效果好。其次，高层地基较深可以避免短期浸泡洪水带来的地基开裂。再次，高层建筑一般设置有避难层、观光层、中庭等开放空间，可进行室内应急防灾避难。最后，成组团的高层建筑街区可以通过空中连廊展开救援活动，将避难人员运输至中心避难场所，有效减弱了孤立高层的孤岛效应。

高层建筑避难场所布局应考虑建筑高度变化与风环境的特点。不同高度组合形成的风场不尽相同，建筑间巨大的高度差异会引起上下风并作用于地面层，加剧风暴的破坏，因此高层建筑避难场所应处于高度相对平均，涡流区、风影区较小的中心位置（图 5-34）。对于低层建筑的下行风，可适当将裙房进行退台式设计并种植行道树，减缓高度差的变化。

高层建筑布局方向与风暴潮的登陆方向一致可以消减风暴对高层避难所的影响。建筑布局方向应规避不利风场（图 5-35），避免板式高层建筑避难场所排布至风暴的主导风向，采取并置、错位等方式，减缓对单独建筑的冲击。宜多采取有较好的防风效果的院落式和行列式的布局组合。

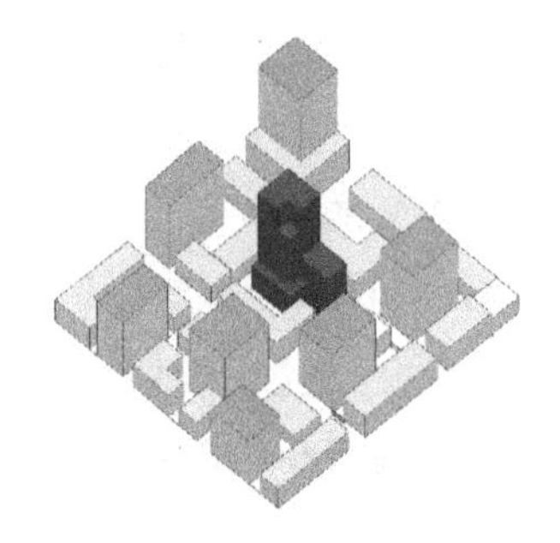

图 5-34　高层避难场所的高度布局
资料来源：作者自绘。

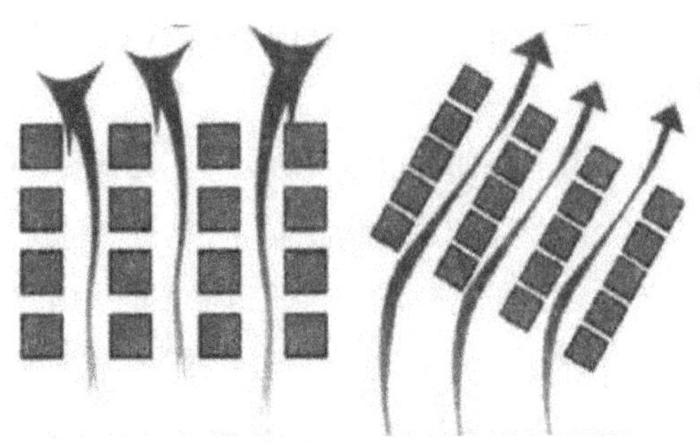

图 5-35　高层避难场所与风向的关系
资料来源：李军、黄俊的《炎热地区风环境与城市设计对策——以武汉市为例》（引自《室内设计》，2012 年第 6 期，54-59 页）。

（3）滨海空间（海岸带）的公共建筑

中长期中心避难场所主要以公共建筑为主，具有较高的避灾设防等级。其主要包括能收容大量避难人员的场地，如演艺中心、大型交通枢纽、展览馆、体育场馆、大型商场等，以及一定的配套设施，如医院、中小学校园、市民中心、政府大楼。

作为中长期的避难场所，其主要应当具备以下作用：第一，应具备一定的收容空间。

如演艺中心的中庭、体育场的运动场地等能为避难人员提供避难场所，解决临时居住的功能。第二，具备联系外部救援的场地。为避免中长期中心避难场所在灾时的孤岛效应，应提供一定的建筑室外平台、屋顶平台和空中连廊连接外部救援车辆、船只、飞机的救援。第三，有一定的存储空间。救援物资的存储和防灾物资设备的供给是维持中长期避难的关键，有利于避难人员积极展开自救，避免引发骚乱。第四，具有备用能源。灾时，风暴潮切断电路、影响能源供给等问题时有发生，展览馆、医院等场所应配备长效的备用电路和能源系统，不仅能保证维持避难场所低水平运转，而且可发挥其作为信息联络中心和管理中心的重要作用。

5.3 风暴潮影响下的滨海空间竖向设计优化

滨海空间的竖向空间设计是针对区域抵御风暴潮灾害，对空间在竖向上的形态、层次、结构的优化设计，旨在提升空间对灾害的适应能力，加强区域承受灾害、疏导灾害的能力，同时兼顾人员和资源的疏散和转移。以竖向空间设计为基础的防灾减灾技术，将更加立足于滨海空间本身，提升该空间的防灾能力。

5.3.1 基于综合防灾的承灾空间竖向设计优化

通常以承灾体来表示直接受到灾害影响和损害的人类社会主体。主要包括人类本身和社会发展的各个方面，如工业、农业、能源、建筑业、交通、通信、教育、文化、娱乐、各种减灾工程设施及生产、生活服务设施，以及人们所积累起来的各类财富等。而所谓承灾空间，是指在物质层面直接受到灾害影响，生产生活方面的全部功能或部分功能丧失的各类空间。由于不同的浪潮情况和气候影响，加上滨海空间特殊的物质空间特性，承灾空间目前难以预测与控制，这将会导致在面临灾害时，滨海空间无法提前完成资源调配和主动避灾。

在无法消除风暴潮灾源的前提下，想要对区域内可能的致灾状况形成一个预判和估计则必须对承灾空间进行设计与控制。承灾空间应满足以下三个要求：当灾害来临时能够尽可能多地吸纳灾害影响，降低其他空间的受灾趋势；需要满足一定的生产生活功能，并且可以实现顺畅的平灾转换；应当满足一定的排水要求，即在灾害发生时，能吸纳灾害，安全地汇集其他空间向承灾空间的排水，灾害发生过后，可通过合理安排积水的抽排，恢复场地的日常使用。

5.3.1.1 承灾空间基本形态选择

空间形态在竖向可分为两类基本形态：地台式空间和下沉式空间[1]。这两类空间都界限明确，富有变化。其差别在于基准面标高与周围环境的高低。地台式空间高于其他基准面，而下沉式空间低于其他基准面。由于空间形态的差异，地台式空间展现一定的排他性和凸显性，而下沉式空间展现出一定的包含性和隐蔽性。这两类空间在风暴潮防灾方面都具有重要作用，如重要的防波堤、挡潮闸都是典型的地台式空间；泄洪渠、内河都是典型的下沉式空间。表 5-13 比较了两种不同空间形态对潮水的作用形式。

表 5-13　地台式与下沉式空间的比较

名称	形态与对潮水的作用形式示意	对潮水的作用形式描述	空间本身是否受灾
地台式空间	或	通过连续的地台式空间将潮水进行阻隔，使防护区域保持不被入侵的状态	基本不受灾
下沉式空间		通过自身对潮水的吸纳，使防护区域保持不上水的状态	完全受灾

资料来源：作者自绘。

地台式空间是指基准面高于周围基面高度的空间。其不具有承载潮水的能力，而是通过连续的空间围合，将潮水控制和约束在一定范围内，保护对象为自身及其腹地空间。防波堤、海堤为典型的地台式空间，其主要功能是抵御和限制海水入侵，但在潮水入侵至腹地后，将无法限制潮水蔓延。这与承灾空间的要求相违背，因此不宜使用地台式空间。

下沉式空间是指具有在一定范围内基面高度低于其周围基面高度并具有某些功能的开放式空间[2]。其定义决定了两方面的特征：一是突出该空间“凹”的特点；二是突出该空间的开放性特点。下沉式空间“凹”的特点体现在其基准面标高上，决定了其负空间

1 空间形态［EB/OL］. 百度百科，2018-09-12［2019-07-16］. https: //baike.baidu.com/item/%E7%A9%BA%E9%97%B4%E5%BD%A2%E6%80%81.

2 李锐. 基于城市立体化的下沉式空间合理性研究——以北京为例［D］. 北京：北京理工大学，2015.

的属性。这一属性与承灾空间有着高度的契合性，在面对入侵潮水和短时强降雨时，有着天然的吸纳和聚集能力。承灾空间基准面标高的降低，意味着其他空间基准面标高的相对升高，在承灾空间不完全淹没的情况下，可以保证其他空间基准面的不上水状态；在承灾空间完全淹没的的情况下，由于“负空间”的纳水能力，可以降低其他空间基准面的淹没水深深度。下沉式空间的开放性特点也充分迎合了承灾空间的基本要求。承灾空间的应灾功能有效发挥与否，取决于该空间是否具有高度的开放性和包容度。多向的引导渠道和普适宽容的接纳程度可以最大限度地发挥该空间对灾害的吸纳能力。如果通路或引导发生阻塞或条件性通过，即使承灾空间有再大的“容量”或容扩能力，都很难真正发挥其空间的应灾效用。基于以上两个原因，承灾空间需以下沉式空间为基本形态。

5.3.1.2 填海造地区域的边界空间竖向设计

当人们从一个空间向另一个空间移动时，边界则为他们提供了一种类似空间入口式的场所[1]。承灾空间的基本形态为下沉式空间，从人的行为和心理感知角度而言，其边界起始点实际为相对高差开始产生的点。依据高差产生的不同的形式和剧烈程度，可将承灾空间的边界分为两大类型：截断型与过渡型。

截断型边界即为具有强烈阻断性质的高差变化界面。这种强烈的阻断性体现在连续性和坡度两个方面。从周围场地基准面开始，到下沉式空间最低标高基准面为止，高差保持垂直变化，难以自由跨越的截面或连续坡度大于 1、难以使用和承载功能的斜面才能被视为截断型边界。过渡型边界即为含有一定的缓冲手段、分阶段分过程的高差变化界面。通常包含坡度式、台阶式和混合式三种。过渡型边界通常注重使用性和功能性，从场地设计的角度，可以视其为对截断型边界的场地平整后的结果。图 5-36 展示了两种不同边界的基本形式。

截断型边界和过渡型边界都属于物理边界，但从定义可知，截断型边界具有心理和行为上的双重不易跨越，不可移动，内外空间明确分隔，领域感强烈；过渡型边界空间更加柔和，行为可连续，心理上边界性更弱。由于坡度与垂直面相比，人的心理分割感受更弱，在坡面不宜界定出明确的分割，因此在过渡型边界中，台阶式、混合式、坡度式的“刚性”依次减弱。承灾空间作为一种特殊的应灾空间，有着极高的受灾趋势和受灾风险，意味着如果不能有明确的边界感，很容易在灾时丧失避灾指向性，会给人员和财产疏散带来隐患，提升了自身的脆弱度。在这种情形下，应当在承灾空间中设置较为突出的截断型界面。不论平面形态如何，需有截断型边界作为辅助的空间领域，帮助人们形成对该空间范围的正确认识。

---

1 苟小燕，蒋小洪. 开放空间及其边界［J］. 艺术与设计（理论），2009（12）：130.

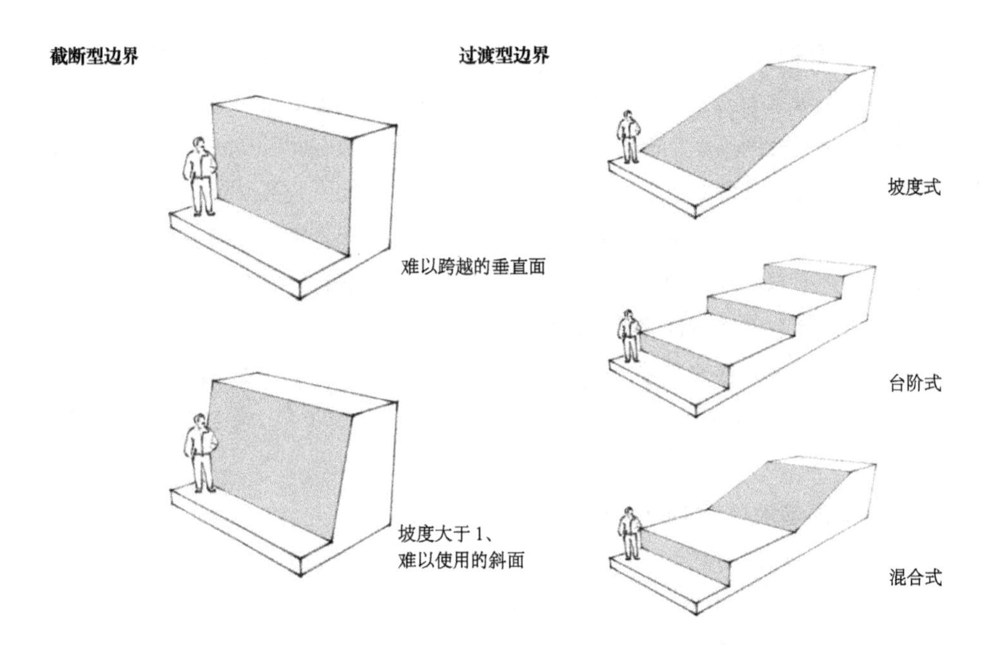

图 5-36　截断型边界与过渡型边界的示意
资料来源：作者自绘。

承灾空间作为可以实现平灾状态转换的空间，需要拥有较高的边界穿越性，以保证资源和人员的及时疏散。在截断型边界处，交通形式通常为点对点运输，直运客（货）梯、手扶电梯、楼梯等交通渠道有着明显的流量限制，交通过程中的涵载能力弱，大流量时容易出现排队的现象；在过渡型边界处，交通形式理论上可以为面对面的交叉组织，且过渡空间将竖向运输向水平运动拉伸，提升了交通过程的涵载能力，交通路线、形式、速率都有较高的自由度。在考虑边界穿越性时，过渡型边界尤为重要。

考虑承灾空间的平灾转换两用性，过渡型边界也为首选。过渡型边界由于在水平面上有更强的延展性，边界空间的范围变得更大，因此在功能性上具有复合的特点。拉长的边界给人们以足够的驻留空间，对人与人和人与空间之间的交流有更好的促进作用。同时，过渡型边界可以容纳更多的生产生活类空间的营造，包括一定容量的娱乐、景观、休闲功能。这种多元性和包容性是截断型边界所不具有的，有助于承灾空间在平时状态下发挥正常的城市功能，综合提升土地的利用率。混合式的过渡型界面有较强的空间层次感，根据形态的变化可以营造较多类型的空间，在着重考虑综合功能时为首选；台阶式的变化感稍弱，但适宜度较高；坡度式的受形态影响，在过渡型边界中对人的驻留能力最弱，宜作备选。

5.3.1.3 滨海空间（海岸带）的道路空间竖向设计

承灾空间的交通竖向空间优化，实质上就是合理安排交通形式、高效完成各项运输、明确交通指向和保障交通安全，以确保承灾空间在平时交通流畅稳定、在灾时交通迅速安全。

承灾空间是一种开放的下沉式空间，区域内的交通组织必然含有竖向运输。这种运输的基本目的是满足不同基准面高度的空间之间的交流，但当基准面高差较大，已经达到一般建筑层高的一层甚至更高时，这种竖向运输对于穿越性交通和灾时紧急疏散交通而言，将会产生非常冗长且复杂的流线，或绕远路避开下沉式空间，尤其当机动交通想要穿越截断型界面时，绕远路的趋势将更加明显。为了解决这一问题，有必要对承灾空间的穿越与疏散交通预留特殊通道，建立适当的连廊体系，实现交通的立体化，从而为不同性质的交通流线提供最优解。

（1）机动交通

对于穿越性的机动交通，应考虑承灾空间的下沉深度和面积大小，合理制定交通的形式。对于下沉深度较浅，面积较小的区域，可以组织地面交通直接穿行；当下沉深度较大，承灾空间区域面积较广时，为了提高交通效率，应当组织一定形式的高架联络。

疏散交通是区域内向外产生的运输作用。根据 CJJ 83—2016《城乡建设用地竖向规划规范》，机动交通道路纵坡不宜超过 8%，平时状态下，承灾空间与外部空间的机动交通应当通过坡度式或混合式的过渡型截面得到合理的安排。当紧急疏散时，为提高疏散效率需要缩短上坡的流线，考虑机动车的实际动力，可以对道路纵坡限制进行适当突破，设置直坡通道。在过渡型边界设置直坡通道时，由于坡度变化带来的坡程缩短，会在坡底或坡顶区域形成错位，如图 5-37 所示。错位形成的出入口有三种形态，分别为直线型、收口型和扩口型，如图 5-38 所示。直线型出入口有一定的缓冲空间，在紧急疏散时形成

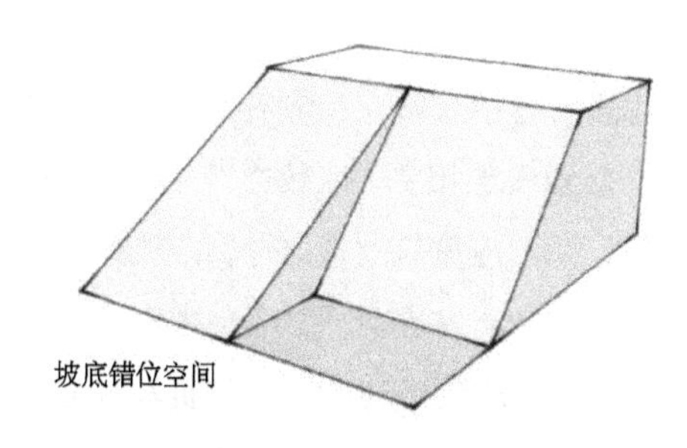

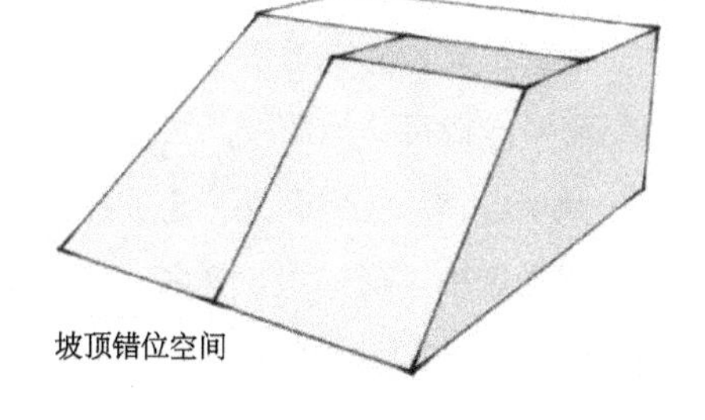

图 5-37　错位空间的产生示意
资料来源：作者自绘。

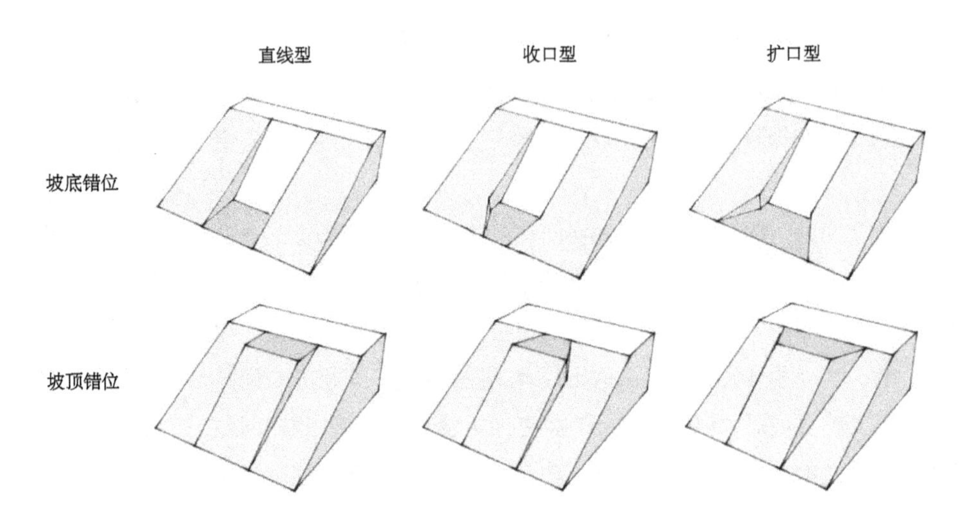

图 5-38　三种不同的错位空间形态
资料来源：作者自绘。

一定的集散能力，但出入口缺乏明显的引导性；收口型出入口缺乏缓冲空间，且对出入口的有效通道进行了挤占，极易造成拥堵和疏散瓶颈，对灾时应急极其不利；扩口型出入口有较大的缓冲空间，提供了较为有效的疏散空间，且开阔的出入口产生了较为明显的引导性，是直坡通道的出入口形式的最佳选择。

（2）慢行交通与无障碍交通

慢行交通与无障碍交通是承灾空间的重要组成部分。承灾空间地势较低，在风暴潮灾害来临前，紧急疏散应当以快速引导人们向较高区域疏散为优先准则。由于区域内所处空间位置的不同，向边界区域疏散的距离也不同，在区域较为中心的位置可能会花费更长的时间到达边界区域，从而产生隐患。因此，除了在边界处设置必要的疏散通道，还应在区域内设置架空步廊。

为了能够提高紧急疏散效率，应当对架空步廊进行适当分级，并塑造具有层次感的联结性。架空步廊可分为两级，如图 5-39 所示，一级负责连接主要疏散边界，将区域内人员安全地引导至承灾空间外，为了提供开阔视野，明确应急疏散指向性，一级架空步廊应呈适当弧度的拱形形态，且高点基准面需保持高于边界基准面；二级负责联结承灾空间内不同区域，形成多层次的疏导体系，将人员快速引导至一级步廊，脱离低洼区域。此外，各级步廊应当充分考虑无障碍通道的设置，根据 GB 50763—2012《无障碍无障碍设计规范》的要求，室外无障碍通道坡度不应大于 1/16，在坡度不允许的情况下，应当

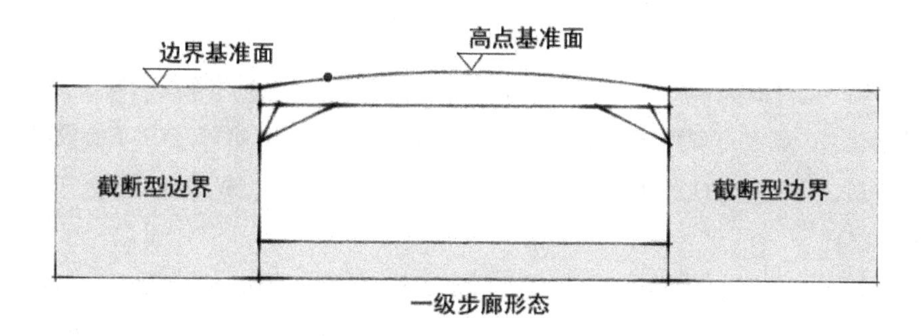

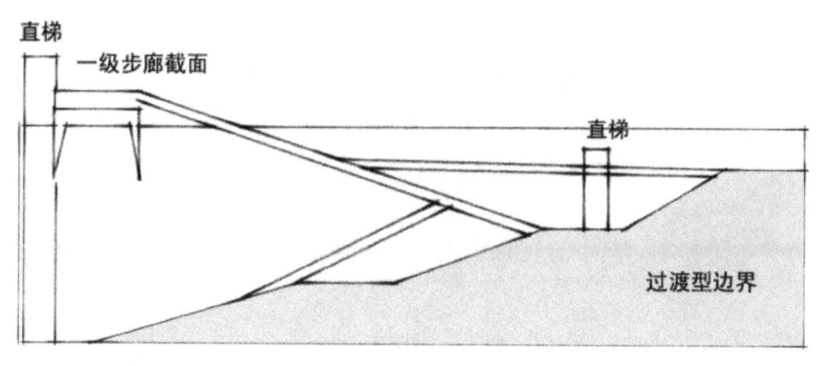

图 5-39　各级步廊形态示意
资料来源：作者自绘。

设置必要的电梯设备辅助，并至少在下沉式空间最低平面和下沉高度 1/2 处设置直梯，连接至各级步廊。

避灾心理研究表明，避灾疏散时人们具有就近选择性和向开敞性，因此架空步廊应尽量避免使用曲线，采用直线和折线设计，保持最优路径，在一级步廊中适当采用节点和平台设计，提升开敞度。

5.3.1.4 滨海空间（海岸带）的排水系统竖向设计

排水是所有下沉式空间面临的最大问题。承灾空间在面临风暴潮灾害时，有两大排水需求：灾害来临时，需积极引导其他空间向承灾空间内汇水，以最大限度容纳灾害，保持其他区域的不上水状态；灾害过后，需要通过合理的方式将所纳潮水排出，恢复承灾空间的正常生产生活功能。

由于承灾空间本身为下沉式空间，地势较低，滞留在陆域内的潮水向承灾空间的汇水趋势会大大提升，使用重力自流的形式进行排水是最合理的方式。在过渡型界面，可利用坡面排水，将潮水顺利引入承灾空间；在截断型界面，室外排水系统的埋深变化大，上下游落差大，甚至出现垂直跌落的情况，此处水流由于重力原因，会对下游设施和地面造成冲刷，从而对设施和地面造成损坏。因此有必要在截断型界面对汇水进行一定的缓冲和拦截。

承灾空间可以通过在截断型边界塑造类似的跌水形态，来缓解高落差带来的潮水冲刷。但当水势较大时，入水口不宜被约束，从截断型边界导入的潮水流速快，需要进行改进。为了限制入水流速，可以设置额外的导流路径，提前将部分潮水引入消力池或溢流井（图 5-40），由此来防止水势较大时，截断型界面的汇水形成较大弧度的瀑布。

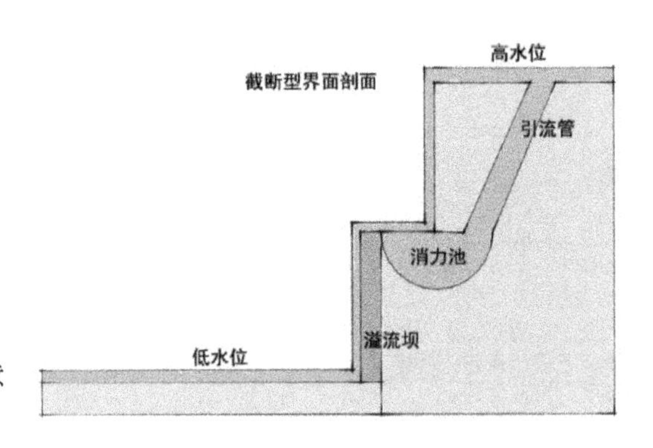

图 5-40　截断型界面的汇水竖向形态示意
资料来源：作者自绘。

当风暴潮灾害发生过后，承灾空间的排水目标将转变为利用合理形式排出区域内积水，恢复空间的正常生产生活功能。灾害过后，海平面将会恢复到正常高度区间，城市排水系统可以正常运作。因此对于承灾空间而言，高于海平面的积水可以通过城市排水系统顺利排出陆域，但对于低于正常海平面的积水，只能通过泵站强排处理。

为了彻底排出积水，需要在承灾空间最低位设置抽水口。根据抽水口的位置和分布差异，承灾空间底面可分为凸型和凹型两种竖向形态。当抽水口分布于场地周边时，需要将积水向场地周围汇集，承灾空间底面将呈现凸型；当抽水口集中于场地中部时，需要将积水向场地中心汇集，承灾空间底面将呈现凹型（图 5-41）。两种底面形态对应了两种不同的积水汇水模式，相比较而言，中心汇水模式会导致抽水口过于集中，且占据了场地最核心位置，不利于承灾空间的日常使用，而四周汇水可以将抽水口分散布局，利于场地平时状态的使用。从这个角度考虑，凸型底面形态更适合承灾空间。

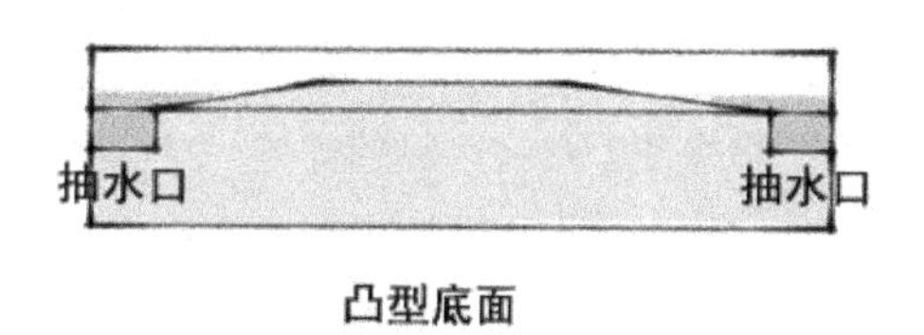

图 5-41　两种不同底面的汇水形式截面示意
资料来源：作者自绘。

5.3.2 基于综合防灾的疏灾空间竖向设计优化

疏灾空间是指能够对因风暴潮引起的入侵潮水的蔓延势态、蔓延方向和汇集趋势进行一定控制和引导的空间。在风暴潮灾情发生时，疏灾空间将承担起转移灾害影响的功能，对陆域的潮水进行疏导和引流，最终向承灾空间输送或排出滨海空间。从城市防灾的角度而言，在不同的尺度下，疏灾空间有着不同的空间形态。在较为宏观的尺度下，疏灾空间可以表现为流域长、面宽大、截面深的江、河等空间；在较为中观的尺度下，疏灾空间则可以表现为各类沟、渠或者宽度适中的廊道等空间；在较为微观的尺度下，疏灾空间又可以表现为城市中的各类综合排水管线、边沟等空间。

在风暴潮灾害发生时，单纯依靠城市排水系统难以应对潮水和雨水的巨大压力，排水管网满负荷运作，滨海空间将持续被动受灾，无端沉没大量成本。想要满足灾情疏导需求，就必须在中观尺度上建立排水体系，以疏灾空间作为排解灾情的主要手段，弥补城市管网在面对潮水和强降水时的不足和缺陷。

为了实现对入侵陆域的风暴潮潮水的引导，疏灾空间自身应当有一定的吸纳能力，可以在中观尺度上形成类似于天然沟、渠的线性空间形态，对潮水的流向和蔓延趋势进行收束。疏灾空间对潮水的吸纳并不需要像承灾空间一样稳定，而需要保持一定的流速，源源不断地对潮水进行输送和转移。

疏灾空间应当与承灾空间有着良好的结合。疏灾空间在中观尺度的表现形式多种多样，但其最终目的是将风暴潮带来的入侵海水转移至脆弱性更低的区域，以降低滨海空间的受灾损失。因此，疏灾空间不应是独立的，必须考虑与承灾空间的联系，尤其要注重竖向上的组织和安排，以实现共同引导入侵潮水、降低受灾影响的目的。

5.3.2.1 滨海空间（海岸带）的道路断面竖向设计

滨海空间的中观尺度疏灾空间应以城市道路为主要形式。城市道路是滨海区域最主要的外部空间，在风暴潮灾害来临时最容易被潮水侵袭，是区域受灾害影响的首要空间，自身就有一定的排水与疏导需求；同时，城市道路在联络性上具有天然的优势，对滨海空间灾时潮水疏导和排涝十分有利。赋予城市道路平灾转换的属性，可以在综合利用土地空间的基础上，建立较为系统化的疏灾空间网络。

疏灾空间自身应当对潮水有一定的容纳和疏导能力，结合前文关于空间在竖向上两种形态的对比，不难得出，疏灾空间应当以下沉式空间为基本形态，但目前城市道路空间除了市政排水设计以外，往往在中观尺度上难以满足疏灾空间要求，因此，有必要针对作为疏灾空间的城市道路在竖向空间形态进行优化和选择。

在风暴潮来临时，入侵海水和短时强降雨将导致市政排水系统满负荷工作，地表积水将无法及时疏导，而一般城市道路的横断面形态又不具有容纳潮水和疏导潮水的能力，从而导致积水不能及时排解，封锁了整个路面的交通。为了解决城市道路对潮水的容纳能力较差的问题，需要调整道路横断面形态，赋予城市道路一定的“负空间”，从而使之能够在中观尺度形成与沟渠和河道相类似的引导空间，弥补城市排水系统在灾时的缺陷。

为了提升道路空间对入侵潮水的承灾能力，可以将道路部分区域进行适当下沉。下沉后的道路空间在正常情况下不影响使用，但在风暴潮灾害来临时，该空间可以舍弃道路交通功能，转换为较宽的地表侧沟，用以容纳无法通过城市管网进行疏导的地表积水。以三板块道路为例，如图 5-42 所示，可以有两种下沉的道路形态：一是下沉中部机动车道路；二是下沉两侧非机动车道路。前者会在灾时形成较为集中的汇水渠道，但该种形态是将主要交通空间转化为疏灾空间，对城市机动交通效率和整体交通连续性极为不利，效益较低；后者会在灾时形成分散于道路两侧的汇水渠道，对道路空间与建筑空间相接的区域较不友好，但该种形态是以舍弃慢行交通空间为代价营造疏灾空间，对整体交通的使用影响较小，对于滨海空间的主要道路而言，是更好的形态选择。

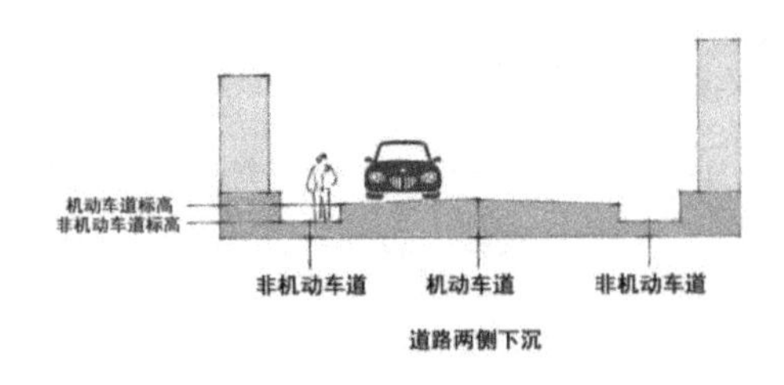

非机动车道标高
机动车道标高
非机动车道
机动车道
非机动车道
道路中部下沉

图 5-42　两种不同形态的道路横断面示意
资料来源：作者自绘。

对于其他横断面形式，如一板块的支路，可以考虑适当增大两侧建筑退红线距离，或增加道路宽度，在两侧设置下沉的人行步道，提供灾时容纳地表积水、转移地表积水的可能性；中间主要机动交通道路基准面不变或稍有提升，向两侧形成横坡，以将路面积水排至两侧。

5.3.2.2 滨海空间（海岸带）的关联节点竖向设计

与疏灾空间有着主要关联的节点有两类：一是两条或多条疏灾通道交叉时，对于潮水的引导和疏导在竖向空间上的组织和安排；二是疏灾空间与承灾空间相联系时，竖向空间的组织与衔接。

与上一节所述的场地出入口的直连道路相类似，当两条或多条疏灾通道交叉时，由于中部机动交通板块的基准面高度比两侧疏灾通道要高，将会对相交叉的引流产生阻隔和干扰，必须设置适当的沟通渠道。在下沉高度较小的区域可以设置暗渠或管道，在下沉高度较大的区域可以设置涵洞。不论沟通渠道的形式如何，在交叉节点处，应当保证沟通渠道的底部标高不低于积水重力流向下游方向的下沉道路底部标高，以确保节点处不发生滞留，提高引流效率；在交叉节点处，沟通渠道的横截面宽度应当不小于下沉道路宽度，若沟通渠道同时为两条疏灾通道引流过渡，则横截面宽度应当不小于下沉道路宽度的两倍，以此类推，确保节点处的流量上限高于来水渠道的饱和流量，避免节点引流不畅。

疏灾空间与承灾空间是密不可分的，疏灾空间最终需要将因风暴潮引起的积水导入承灾空间，加以控制和约束。因此，疏灾空间与承灾空间的衔接节点竖向空间的合理组织，将有利于二者在应对风暴潮防灾减灾上的协同配合。

作为疏灾空间的城市道路，由于可以进行平灾状态的转换，积水疏导功能和平时交通功能可使用同一空间搭载。但当疏灾空间与承灾空间衔接时，则需要根据承灾空间边界形态进行功能的分离与空间再组织，如图 5-43 所示。在截断型边界处，道路的交通功能会因边界形态而中断或产生跨越，但道路疏导积水的功能仍然需要继续维持，此时，需要将道路平灾不同状态的功能进行分离。对于道路的非机动交通功能，需要通过台阶、踏步或短坡引导交通流线变向；对于疏灾功能，则应当保持下沉的空间形态，持续引导至承灾空间边界，通过跌水结构完成积水的疏导。在交通流线和疏灾流线分流时，需要设置明确的透水拦截构筑物，以防止安全隐患。在过渡型边界处，道路交通可延续至承灾空间底部，但根据具体的形态和坡度，交通流线不一定保持与坡面纵向平行。该种情

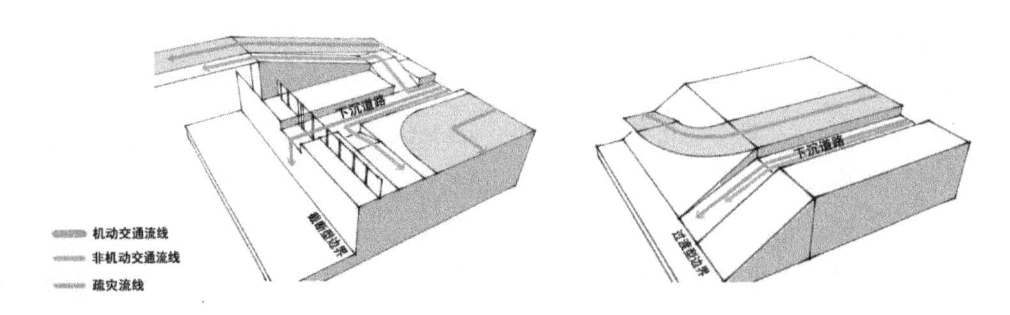

图 5-43 疏灾空间与承灾空间衔接区域的分流示意
资料来源：作者自绘。

况下，应当分离道路的机动交通流线，保持下沉空间的疏灾流线平行于坡面纵向，以提升疏灾空间的工作效率，同时减少水流涌出下沉空间的概率。

5.3.3 基于综合防灾的避险空间竖向设计优化

避险空间是滨海空间在面对以风暴潮灾害为主的海洋灾害时，对于保障区域生命财产安全来说至关重要的一类应急空间。在面临潮水入侵和城市内涝时，避险空间应当保持稳定的不上水状态，有效提供临时庇护功能和应急救援功能。通常来说，公共建筑是滨海空间中一类非常重要的应急避灾场所，具有一定的服务范围和应急储备，同时对人员和资源具有一定的容纳能力，是面对灾害时较为理想的避灾空间。

由于不同的灾害条件会造成不同的区域受灾情形，当灾害严重时，以风暴潮为主的海洋灾害往往会对滨海空间造成交通封锁、停运基础设施等后果。避险空间应当具有一定的外部联络性，与周边建筑和环境相衔接，既为紧急疏散避险提供多项渠道，也为灾后救援提供多种可能途径。

5.3.3.1 滨海空间（海岸带）的公共建筑竖向设计

城市公共建筑作为滨海空间应对风暴潮灾害的避险空间时，可以提供较为可靠的避险高度，同时遮蔽风雨，为人员和财产提供临时庇护。开敞的避险空间应有较高的外部可识别性，这对于灾后救援而言十分重要；同时，有着较高开放性的避险空间有利于人们观察自身周围情况，稳定自身情绪。因此，作为避险空间的城市公共建筑应当设置必要的开放空间。

对于小型公共建筑或层数较低的建筑，设置适当的屋顶平台有利于在被积水围困时，给人员提供视野开阔、识别度高的求生窗口。充分利用屋顶空间，还可以在建筑主要出入口被封锁时，保持围困人员与外部的联系。除了设置屋顶平台，还可以利用建筑退台营造开放的避险空间。如图 5-44 所示，屋顶平台适宜于平屋顶建筑设置，最大限度地利用屋顶空间，且四周视野最为开阔，但开放空间只能在最顶层设置，需以室内外楼梯联系各层；建筑退台不受屋顶形式的限制，在建筑各层都可以形成完整的开放空间，且各层空间之间相对独立，对外界的观察视野稍逊于屋顶平台，但建筑形体丰富，层次感强，识别度高。

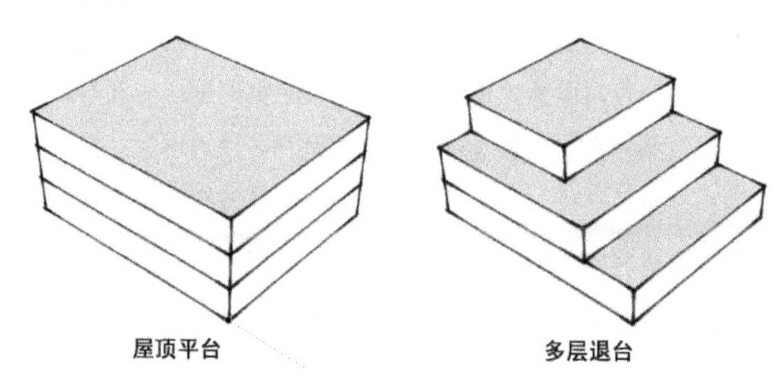

图 5-44　小型公共建筑或层数较低的建筑的两种不同开放空间设置形式
资料来源：作者自绘。

对于体量较大的建筑或高层建筑，在建筑的二至三层高度，设置适当的悬挑，或利用裙房屋顶，即可形成开放空间，满足避险空间开放性的需求，如图 5-45 所示。为了满足观察视野的需求和避险识别的需求，悬挑空间或裙房屋顶的设置比例不宜低于主体建筑外墙周长的四分之一，且应当保持合理的进深宽度和连续程度，以满足该空间在应急避险时的使用需求。若设置了多层悬挑的开放空间，可在各层外挑平台间以室外楼梯进行连接，使之整体性更强。

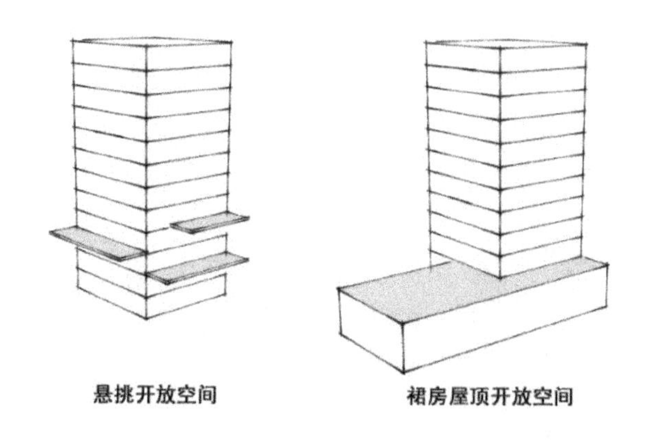

图 5-45　体量较大的建筑或高层建筑的两种不同开放空间设置形式
资料来源：作者自绘。

5.3.3.2 滨海空间（海岸带）的联络空间竖向设计

空间的可达性是考量避灾空间灾时能否正常发挥功效的重要指标。针对以风暴潮为主的海洋灾害的避险空间，自身应具有一定的相对高度，在与其他空间的联系方面，需要考虑不同高度的空间之间的竖向联系，还需要考虑同一高度空间之间的整体性关系。

与前述承灾空间的疏散交通类似，由于区域内所处空间位置的不同，向避险空间移动的距离也不同，即使直线距离较短，也可能因为高差而花费更长的时间到达避险空间，从而产生应急疏散安全隐患。此外，通道过于单一和集中也会对通行效率产生不利影响。因此，有必要设立指向明确、富有层级的避险空间竖向交通体系。

避险空间需要与相对高度更低的空间或建筑相沟通，根据相对高差和相对距离设置多个通道，为周边不具有避险功能的空间或建筑提供服务。可以根据周围环境和空间对通道进行分级，一级通道与主要道路相联系，宽度较宽，辐射范围可适当增大，提供接纳外部避灾人员的最主要交通；二级通道可与周边建筑相联系，宽度较窄，点对点直接联系，辐射范围小，提供辅助的转移交通。与主要交通相联系的一级通道应当以平直道桥为主，在靠近道路一侧设置垂直电梯和楼梯与地面联系，横向拉长辐射距离，纵向缩短垂直交通距离。与其他建筑相连接的二级通道可以使用坡道和台阶相结合的形式设置，兼顾考虑无障碍通行需求，辅助必要的电梯和助力系统，如图 5-46 所示。避灾空间还应当设置与地面直接相连的应急楼梯，并布置于室外，有明确的辨识性，保证外部的避灾人群不需要通过主体建筑出入口就可以直接到达避险空间。

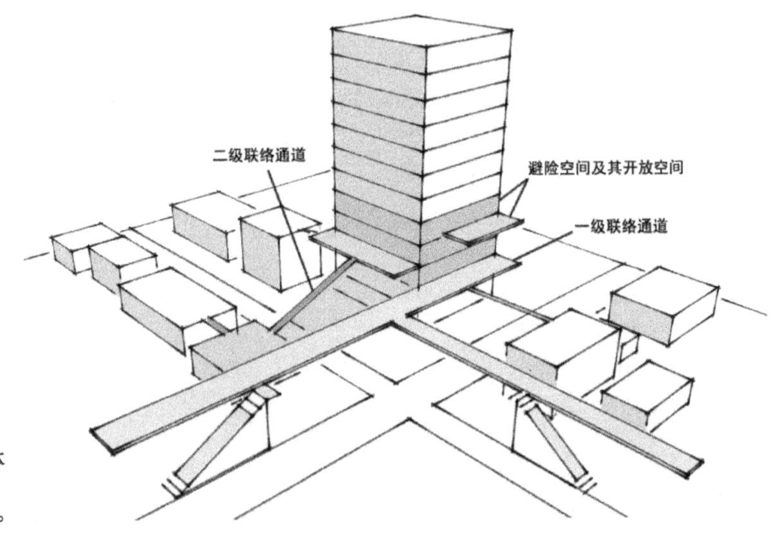

图 5-46　避险通道体系示意
资料来源：作者自绘。

避险空间的布局由于需要充分考虑服务范围和可达性，有一定的分散布局需求，但倘若避险空间各自独立，应急资源分散，可能导致避险空间功能发挥不够高效；完全集中式的避险空间会占用大量资源，降低空间使用效益。因此，避灾空间之间也应当形成联络体系。这一避险联合体系可以保证不同区域避灾的及时性，还能保证应急资源的高效利用性。为了实现这一目标，避险空间之间也可建立必要的连接通道，通过建立网状的立体交通联系，可以有效提升避险空间的引导能力和疏散效率。

此外，避险空间的开放空间和各级通道，可以根据具体情况，与城市既有的立体交通相连接。例如城市道路上方的过街天桥，可以通过与避险空间的通道结合设计，在平时提供跨越交通功能，在灾时起到引导与疏散作用。邻近城市高架桥的避险空间，可将避险通道与高架桥结合设计，在高架两侧设计并行辅路，并将辅路与开放空间相连，为灾后救援提供更多的平台与窗口，提升多向救援方案的可能性。

5.4 综合防灾约束下的滨海空间形态设计要点

5.4.1 重视三维立体的防灾空间设计

内陆城市的防灾空间侧重于设施的平面布局。滨海空间的防灾空间设计，应当在考虑海洋灾害特征和空间局促的现实情况下，注重竖向空间内容的丰富。从单一海岸堤防类的防护设施空间扩充为一系列的防灾空间系统，完善了防灾空间在灾害疏导、吸纳以及人员疏散、避险、救援等方面的平面布局和竖向优化设计，使防灾约束下的防灾空间设计工作范围更广、领域更全面，同时兼顾各类空间之间的协同和联合。

5.4.2 强调工程防灾与空间防灾相结合

由于资金的限制和空间资源的稀缺，滨海空间不可能兴建大量的专项的工程设施。因此，需要综合现有的城市空间，平灾结合，使得城市空间成为防灾的一部分。首先，大量的地上、地下空间应当完成向防灾空间的功能转化，如对很多利于城市防灾的广场、绿地空间或一些城市闲置地进行防灾功能的加载；其次，一些按照防灾要求建设的空间在满足防灾功能的同时，也可加载城市其他功能。如防洪空间的设计不仅满足防洪的需要，还要满足景观与休闲的功能。

5.4.3 注重防灾设施对内陆的依赖性

滨海空间处于海陆交界的边缘地带。相对于内陆区域，大部分的滨海空间，特别是填海人工岛等填海造地空间缺乏成熟稳定的大型防灾设施，也没有可靠的能源、淡水资源和其他救援物资的补给来源或接口。同时，由于海洋的独特自然属性，滨海空间的生活自持力较差。因此，在滨海空间的规划中，必须衔接与分配好滨海空间和腹地救援设施与基础配套设施的关系。

第6章　产业更新与生态景观塑造下的滨海空间形态设计

除海洋生态环境及滨海自然灾害的约束限制外，产业功能的定义以及生态景观的塑造对滨海空间形态设计也有着重要影响，但较前两者而言存在着一定的差异。一方面，前两大要素主要从基本的工程建设、使用安全的角度出发，提出基础、固态化的约束条件；而产业更新与生态景观对滨海空间设计的影响则多从高效化、可持续化、美观化的提升视角出发，其约束标准因趋势的转变面临着动态化的调整，常随着时代的发展、定位的转变、审美的提升而不断转换提高。另一方面，产业功能与生态景观两大要素往往相互影响，共同对滨海空间形态设计产生影响。不同的功能空间，会在空间上形成不同的表征，产生不同的空间效果，继而对生态景观要素产生影响；而不同的生态景观环境，也适用于不同的功能空间，可给予使用者不同的空间感受，继而影响空间的功能偏向性。

本章着眼于产业更新与生态景观两大资源约束条件，关注滨海空间的特异性，结合产业更新与生态景观的发展趋势，提炼产业更新背景下及生态景观塑造下的滨海空间设计内容，提出具体的设计指引，并总结相应的滨海空间形态设计准则。

6.1 产业更新与滨海空间形态设计的耦合

6.1.1 产业更新对滨海空间形态设计的影响

产业功能是支撑区域发展的内在基础，随着滨海空间作为蓝色经济空间的价值不断被认可和挖掘，滨海空间已逐步迈向城市化和多功能化，如何在产业更新的背景下，充分考虑滨海空间用地的有限性，提高土地空间效益，使滨海空间的产业功能与空间设计相耦合具有重要意义。滨海空间的产业功能在其发展进程中不断更新转变，早期的滨海空间多用于盐业生产及渔业生产，规模以及形态具有很大的自发性。之后，沿海城市海洋开发密度和强度不断增大，滨海空间开始用于城镇建设和工业生产，近年来，地产热潮汹涌，滨海地产和商业旅游开发价值水涨船高，于是填海开发住宅、建设旅游度假区也不断升温（图 6-1）。总之，滨海空间用于城市建设的趋势愈发明显，滨海空间用地功能的多元化对空间载体的属性和质量提出了更高的要求，因此滨海空间形态设计需要与产业功能相协调，从城市功能实现的角度综合考虑，结合城市设计相关内容，使滨海空

早期用于盐业及渔业生产的滨海空间例举

近年来城市开发的滨海空间例举

图 6-1　滨海空间的产业功能转化
资料来源：上图卫星图源自 Google 地图，照片为作者摄制于 2009 年 11 月；下图源自新华网 http://news.xinhuanet.com。

间能够实现空间效果和城市功能的有机融合，促进其在发展进程中发挥社会与经济作用，创造具有积极效益的城市空间。

6.1.2 滨海空间的产业更新趋势

随着实践的深入和社会的发展，人们对滨海空间功能定位的认识在不断转变。滨海空间在长期发展的过程中走过很多弯路，而对滨海空间功能产业发展阶段的研究能够帮助我们更加清晰地认识滨海空间发展进程中遇到的矛盾与问题，并从历史的经验中找到解决问题的方法和手段。因此，本节结合第 2 章国内外实践案例的相关内容，通过对国外滨海空间的发展历程和特征研究，归纳总结滨海空间的四个发展阶段，并对国内滨海空间产业发展阶段进行判定，分析其未来发展趋势，以此为产业更替背景下的滨海空间规划设计提供参考。

6.1.2.1 国外滨海空间产业发展特征总结

通过对第 2 章中国外实践案例的相关内容进行总结分析，以产业功能形式为划分标准，可将滨海空间划分为四个发展阶段：以基本生产生活利用为主的起步阶段、以工业生产利用为主的发展阶段、以城镇空间转变利用为主的过渡阶段和以可持续利用为主的稳定阶段。这四个阶段并不是完全连续的发展进程，在不同历史时期，由于政策、思维、经济等因素影响，滨海空间可能会有阶段跨越式的发展。

滨海空间各发展阶段所体现的物质空间特征各不相同。起步阶段以基本的农业生产空间为主，表现出较为初级的用海特征；发展阶段以临港工业及其配套的港口码头等空间为主要要素；过渡阶段则因区域产业升级、结构调整而表现出空间发展更新及再利用的转型特征；稳定阶段的空间利用注重生态效益，在维护区域生态和可持续发展的前提下进行产业功能布局，多为生态化的城市综合开发和商业旅游（表 6-1）。

表 6–1　滨海空间产业功能发展阶段和特征

序号	发展阶段	利用形式	产业功能特征	典型国家或地区
1	起步阶段	防灾减灾，形成农耕用地	以基本的农业生产及生活功能为主	早期荷兰
2	发展阶段	形成工业用地	港口、码头、临港工业	战后日本
3	过渡阶段	向城镇空间转变	多种城市综合功能，融入城市空间	美国
4	稳定阶段	形成可持续发展空间区域	区域生态原则下的城市综合开发和商业旅游	卡塔尔、新加坡

资料来源：作者自绘。

6.1.2.2 国内滨海空间产业发展阶段及更新趋势

从产业发展阶段来看，除部分基于城市空间拓展和城市形象塑造需求下的新开发滨海区外，我国现有滨海空间大多正处在从发展阶段迈入过渡和稳定阶段的转变时期，即以工业用地为主的滨海空间，伴随着产业升级、结构调整的步伐，区域利用形式开始试图从以工业利用为主向以形成城镇生活用地为主的转变时期。天津滨海新区就是处在这一转变时期的典型例子，其第二产业所占比重较大，仓储物流、国际贸易发展繁荣，沿海空间布置大量临港工业与港口码头，近年来第三产业稳步发展，但所占比重依然较低，沿海区域功能依旧相对单一。

对于这类滨海空间，鉴于单一功能的工业利用形式对区域的健康发展极其不利，产业升级与土地的更新利用是必然选择，应促进传统工业向高新技术产业发展，集约节约利用工业土地，增加更多城市综合性功能和商业旅游功能，以保持滨海空间经济的可持续发展。另外，从滨海空间的发展需求来看，生态建设与环境保持也是其重要价值取向，在维持经济产业持续发展的基础上，生态主导的区域发展也将是重要目标。因此，该区域可能会向着稳定阶段持续演变，在区域生态的原则下，进行城市功能综合开发和商业旅游建设，以谋求生态与经济的双重可持续发展。

6.1.3 产业更新背景下的滨海空间形态设计内容

6.1.3.1 平面组织的相关内容

滨海空间的平面组织主要受临海的前置空间区域即填海造地区域的影响，产业更新对滨海空间平面组织的影响主要包括填海造地区域的平面组合范式、边界形状、岸线形式等方面内容。填海造地区域的平面组合范式会影响交通运输成本、空间宜人程度以及地块划分便利性，因而适用于不同的产业功能类型；几何形或有机形的填海造地区域平面形状适用于不同的产业功能空间，在具体的滨海空间形状选取上，需对产业功能类型及生态景观要素综合考虑，以期达到良好的空间利用效果；而岸线是滨海空间最为重要的空间资源，应依据功能需要和景观生态要求，对岸线功能进行合理划分和保护利用，不同的区域功能配合不同的岸线形态，以实现岸线的高效率使用。

6.1.3.2 空间规划的相关内容

产业更新对滨海空间的整体规划有相当程度的影响，包含海岸带地区的土地利用、空间结构、交通组织、建筑组群布置、建筑密度控制等内容。就土地利用而言，需加强岸线功能复合化重塑，协调岸线后方用地规划与岸线利用规划的关系，并对公共空间相关土地管控予以足够的重视。空间结构的影响包含功能结构和景观生态结构两方面，就功能结构而言，需关注城市中心区和填海区的关系，而就景观生态结构而言，需将带状的海岸线资源渗透到整个海岸带地区，提高功能空间品质，配合产业发展方向。对于交通组织而言，产业用地向城镇生活用地及商业旅游用地的转变，对海岸带地区的道路系统、慢行系统、公共交通、静态交通都提出了大量要求，迫使海岸带地区交通组织朝着体系化、密集化的方向发展。海岸带地区的建筑组群布局形态也需要综合产业功能性质及其空间品质需要，充分利用海景、海风、日照等自然景观要素，进行系统布局。同时，产业更新也对滨海空间的建筑间距、建筑面宽等建筑密度控制内容提出了要求，在更新的背景下，需着重考量生活要素注入后的日照、防火相关规划要求，并关注景观渗透、海陆风渗透等相关设计建议，以提升功能空间质量，满足景观生态要求。

6.1.4 产业更新背景下的滨海空间形态设计指引

6.1.4.1 滨海空间（海岸带）的土地利用

产业更新背景下的海岸带地区土地利用需要把握两项重要内容：一是在发展外向型经济的形势和岸线功能复合化重塑的背景下，协调岸线后方用地规划与岸线利用规划的关系；二是在复合化、可持续、生态化的功能调整要求下，对公共空间相关土地利用予以足够的重视（图 6-2）。

对于岸线后方用地与岸线利用规划而言，需协同两者关系，如进行产业集群的体系化、复合化、社区化建设，或进行城市公共功能的协调组织，并在整体规划中重视土地利用的生活关联度。岸线后方的用地规划与岸线利用规划有着密不可分的关系，岸线后方的用地规划实质上决定了岸线利用规划的成功与否，相反，岸线利用规划反过来又决定了岸线后方的用地布局及结构。岸线后方土地利用组织应与岸线的土地利用相联系，对于临近产业用地的海岸带地区，应考虑产业的区域联系及体系构建，并组合配置与之相应的产业社区和功能服务，建设体系化、复合化、现代化、社区化的新型产业带，推动外向经济的发展，促进海陆统筹；对于临近生活化用地的海岸带地区，则应关注与公共服务功能相关的海岸带用地互动。另外，滨海岸线理论上应尽量减少与港口工业及生活关

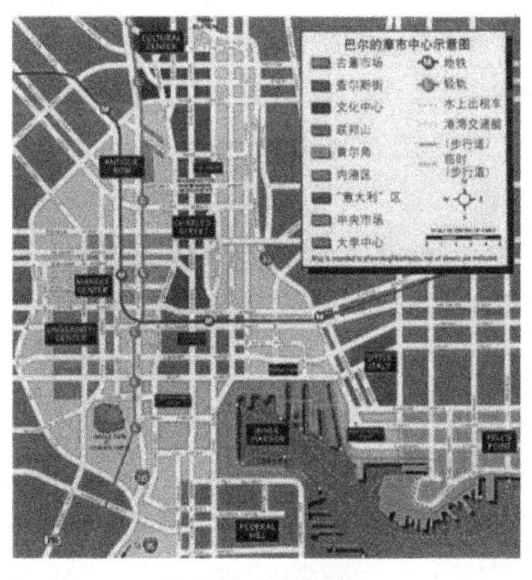

协调岸线后方用地规划

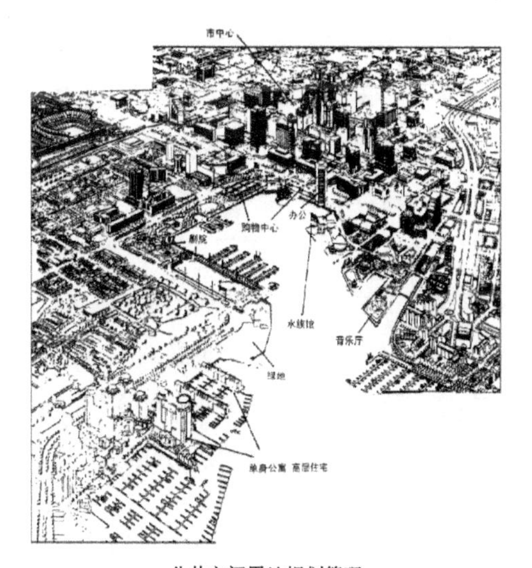

公共空间用地规划管理

图 6-2　巴尔的摩内港区土地利用规划
资料来源：引自卢宇的《广西北部湾海岸带开发利用与保护研究》（2017 年）。

联度小的用地布局，使更多的城市居民能够有一个近海的生活空间。同时，还需注意用地规划中观海走廊的布置，使海洋景观能够更深入到城市的空间当中。

对于公共空间土地利用而言，不应在城市设计和建筑设计阶段才开始涉及公共空间的问题，而需要在早期的土地利用控制阶段就对用地性质进行细致的规定，从而为滨海空间提供健康的可持续发展环境。规划应控制形成海面—岸滩带—公共空间带—滨海道路—复合城市建设用地的功能布局结构，保障可持续发展的同时形成布局紧凑、公共设施和活动联系紧密的优势，其中，公共空间带更加强调用地的混合模式，可兼容公共设施、广场绿地等性质的用地。

6.1.4.2 滨海空间（海岸带）的功能结构

海岸带地区作为海陆统筹的关键区域，在功能结构的规划上需对城市中心区和填海造地区域的关系进行着重考虑。填海造地区域与城市整体结构的相对位置关系主要有轴向空间拓展和偏移独立成核两类（图 6-3），两类方式对海岸带地区的功能结构的影响各不相同。轴向空间拓展类功能结构可依托成熟的建设基础实现空间延展，进而带动产业和功能的延伸，偏移独立成核类功能结构则要投入更多物力人力，通过自身的发展成熟带动周边区域，共同形成新的空间组团。两种位置关系各有其优劣，需要从城市空间战略层面进行决策。但相比较而言，前者能够快速实现土地价值，发展自觉性高，能有效地发挥用地拓展给城市带来的空间效益，这对于以城镇建设为用途的填海造地工程而言优势更为突出。土地经济价值的快速实现还能为填海造地区域的生态恢复与维持提供有力支持。“海岸带是城市化最集中的区域”，海岸带地区的空间土地价值往往较高，是生产要素相对集中、基础设施和商业规模较为完善的地区。因此，对于轴向空间拓展模式，海岸带地区在进行平面形态规划设计时应注意新填土地与城市重要轴线或重要功能区块相连接，平面交通组织也要与城市主要交通网络相联系，便于利用成熟的基础设施和产业效应，促进新区与城市的快速融合。若选择偏移独立成核的拓展方式，则要结合区域性的空间部署，在远期城市空间形态上做出判断以选定适宜的位置，再进行具体设计。

另外，基于产业更新生态化、可持续化的发展背景，应力图构筑可持续发展的城市空间结构。即加强原有核心，并综合考虑今后沿海地区城市发展方向，形成新的核心，并带动新的区域发展。在城市发展空间得到拓展的同时，形成多核心的、生态保护区与城市开发区相间布置的、能有机生长的城市空间组团，形成舒展的、与自然交融的城市空间结构，并对大面积的城市发展备用地加以指引，在更大范围内统筹利用资源。同时，

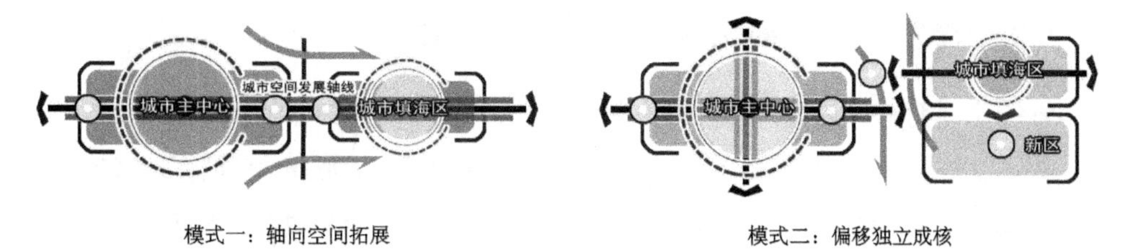

模式一：轴向空间拓展　　模式二：偏移独立成核

图 6-3　填海造地区域与城市空间的关系模式
资料来源：作者自绘。

需在可持续的背景下，充分利用岸线资源，对海岸带采取带状兼有组团状的开发模式，以带动海岸带地区向全方位、纵深方向发展。

6.1.4.3 滨海空间（海岸带）的交通组织

在滨海空间从以工业用地为主向以城镇生活及商业旅游用地为主转变的产业更新背景下，对海岸带地区的交通组织提出了更高的要求，滨海空间的交通组织正朝着体系化、密集化的方向发展。

就道路系统而言，之前以工业用地为主的滨海区域路网很难适应生活化的道路密度和等级需求，需加强道路密度建设和道路等级规范。海岸带地区应在原有的路网基础上，一方面加强与周边区域的路网的有机协调，了解周边区域路网的等级、功能，明确货运道路与生活性道路的数量、走向及与岸线的联系方式，强调生产、生活区域的通达性；另一方面要使岸线周边区域路网与城市道路网系统合理衔接，使得岸线交通能够顺畅、有序地通达城市的各个角落。

另外，海岸带地区还需新建多类型的慢行交通系统，重视慢行交通对岸线规划的作用，毕竟步行交通的设置直接关系到滨海项目的成功与否。在交通组织中，应以海岸线为基础，建设网络化的慢行交通系统，并推动慢行交通向立体化方向发展。同时，还需鼓励步行交通，加强岸线与其他区域的良好步行联系，提供合理的步行体系，吸引更多的步行人流，并兴建沿街的商店和“节日广场”以促进经济，增加人气。

静态交通和公共交通的组织同样重要，需在城市社区、城市中心区、城市产业区、商业旅游区配置合理的、分层级的静态交通，为生产、生活、商业活动提供便利。同时需加强公交网络的联系，配合生态化、低碳化的发展趋势，积极创建可持续的活力海岸带地区。

6.2 生态景观与滨海空间形态设计的耦合

6.2.1 生态景观对滨海空间形态设计的影响

人类需要遵循人、海洋、社会和谐发展的客观规律，建立彼此之间的良性循环，维护可持续发展的文化伦理形态。滨海空间形态设计包含着大量的城市开发行为，容易对滨海自然生态系统格局产生扰动，因此在设计过程中需要充分考虑滨海空间的实际条件，保护与修复自然生态环境，使人与自然形成良性的循环互动，形成丰富繁荣的生态文明格局。

景观环境的塑造是滨海空间的规划重点之一。滨海空间海陆交界的地理位置，使其具有突出的景观区位条件。不同于普通的滨水区域，滨海空间具有双向的景观视角。从海面朝向内陆进行观察，宽阔的海洋提供了极佳的视点，清晰地展示了滨海空间的整体风貌和外部轮廓，对滨海空间整体城市设计提出了较高的要求。而从内陆向海洋进行观察，海洋作为重要的景观资源，为滨海空间提供了独特的景观环境，需在具体的空间规划中予以充分考虑，以使海洋景观资源得到最大限度的利用。

6.2.2 滨海空间的生态景观发展趋势

6.2.2.1 滨海空间生态保护的发展趋势

加快经济增长、发展滨海区域产业一直是滨海空间的发展重点。然而只注重经济发展却忽视环境问题，将势必造成不可逆转的负面效应，影响人与自然的和谐共生。近年来，世界范围内的部分地区对海洋的过度开发，均造成了严重的生态系统恶化。因此，协调滨海环境保护与海岸经济发展的矛盾，是我国现阶段城市滨海空间规划中必须考虑的重要问题。注重滨海岸线设计、合理设置退缩距离是保护生态环境的重要措施，也是适应生态文明发展方向的必然结果。

6.2.2.2 滨海空间景观塑造的发展趋势

滨海空间景观塑造是城市设计的基本要求，也是产业变更、经济发展的必然结果。滨海空间的景观塑造应遵循城市设计的基本原则，适应滨海空间的产业设置，对岸线亲水性、空间结构、空间层次等方面进行合理的规划设计。滨海空间由于其产业更替变化，岸线景观设置也随之变化。例如生活性岸线应注重滨海空间的亲水性以及公共空间的塑造。滨海空间的景观层次的构建也应更加体现滨海空间的特性，增添滨海空间景观层次性，设置更加有韵律感的滨海天际线，体现滨海区域的城市特点。

我国多数滨海空间产业结构单一，因此景观结构体系难以建立，滨海空间景观构造应结合滨海空间产业功能需求，顺应滨海空间的产业变更趋势，建立滨海空间特有的景观结构层次，从平面组织、竖向设计、空间规划等多个方面，构建滨海空间的特色景观。

6.2.3 生态景观重塑下的滨海空间形态设计内容

6.2.3.1 平面组织相关的重点内容

滨海空间的平面组织主要针对于临海的前置空间区域，即填海造地区域。生态景观塑造下滨海空间的平面组织设计内容主要包括填海造地区域的平面组合范式、边界形状、岸线形式等。填海造地区域的平面组合范式会影响滨海岸线的亲水性和海洋景观的渗透性，从而具备不同的景观生态效果；而填海造地区域的边界形状可以给人不同的空间感受，可创造不同的空间意象，适用于不同的功能区域，需统筹考虑以达到较好的空间效果；岸线是滨海空间最重要的景观资源，不同的岸线形态能产生不同的亲水性效果，应在设计中进行重点考量。

6.2.3.2 竖向设计相关的重点内容

生态景观对滨海空间竖向设计的影响较小，涉及内容较为单一，其影响的重点地域为生态较为敏感、景观较为优越的滨海空间前置区域——填海造地区域，其影响的重点内容为临海的护岸设计。填海造地区域的护岸设计在保护滨海空间免受海洋灾害的同时，也影响了岸线的亲水性和滨海景观的渗透效果，需在设计中进行综合考虑。

6.2.3.3 空间规划相关的重点内容

生态景观因素是滨海空间规划需要考量的重要因素之一，生态景观塑造下的滨海空间规划内容包含建筑容量控制、建筑组群布局、公共空间布局、土地功能布局、滨海退缩线设计等具体内容。其中，建筑高度、建筑间距等建筑容量控制要素会影响滨海空间的建筑轮廓，从而影响景观渗透效果和天际线层次。建筑组群布局会影响滨海空间的整体形象和空间意象，而公共空间布局关乎到滨海景观的渗透效果及景观空间的环境质量。

6.2.4 生态景观塑造下的滨海空间天际线设计

滨海天际线是滨海城市的主要特征，体现了滨海城市特点和滨海建筑景观层次。滨海天际线的设计是滨海空间形态设计的重要内容，应遵循以下的基本方法。

6.2.4.1 强调海洋视角，体现城市特征

滨海空间与普通滨水空间的差异主要体现在景观界面的特异性，即海洋界面与陆上界面双向景观界面上。因此，从海上观察滨海区域天际线是体现城市景观层次的重要视角，滨海空间形态设计应着重这一视角的刻画。

滨海空间的设计应从三维的角度去考虑整个区域的空间环境形态，设计时要遵循以下几点原则。

①连续性：从滨海空间的宏观尺度上讲，指的是空间界面的连续和建筑实体组合的连续，是城市空间形态整体性控制的重要指标。

②识别性：又称认知感，是为塑造城市形象服务的，滨海空间的城市空间往往代表了滨海城市的整体形象，其形象的识别性尤为重要。

③多样性：滨海空间是自然风貌与都市气息的结合地带，其城市空间形态应在保证整体性的前提下，根据各区块使用功能、自然条件的不同，塑造出更具个性化、多样化、层次丰富的城市空间。

④开放空间亲水性：滨海空间中设计合理的开放空间应当最大限度地利用海景资源，使开放空间成为更多人使用的城市公共活动空间。

6.2.4.2 增加天际线的层次感与阶梯感

在天际线的规划设置中，天际线是建筑物和自然环境在横向延伸和纵向叠加后而合成的最终的轮廓剪影。其在横向高低错落的变化好似乐曲的韵律，这其中包括前景轮廓线、中景以及远景轮廓线，当其具有丰富多变的韵律感和层次感时，就会获得引人入胜的效果，不易使人产生视觉乏味进而失去观赏兴趣。这种横向的韵律变化其实是处于不同层面的轮廓线的叠加效果，这又好比是音乐学中的泛音，天际线的层次越多，给人的感受越饱满、丰富，近中远多个层次此起彼伏、相互配合，这样就使得观赏者在不同的视距上都能获得较佳的视觉感受。

滨海空间由填海造地区域和直接滨海岸线区域组成，后者为前者的基础与支撑。滨海城市天际线包含三个层次：前景天际线、中景天际线以及背景天际线。前景天际线由

滨海空间的临海建筑及景观植被组成，一般为低层和多层建筑。中景天际线由滨海空间前景天际线后面的建筑构成，高度上较为挺拔，一般为高层和超高层建筑，突出建筑群的竖向构图。背景天际线由滨海空间背后的陆地城市的建筑群及自然山体、植被组成，一般较为平缓。

滨海空间天际线不同层次之间的协调关系可以分为三种，即对比关系、烘托关系、呼应关系，这三种关系（表 6-2）各有其特点。

表 6-2　滨海空间的前、中景天际线与背景天际线的协调关系

名称	对比关系	衬托关系	呼应关系
图示			

资料来源：作者自绘。

①对比关系。前、中景天际线与背景天际线的走势变化完全相反。背景天际线下伏时前、中景天际线上伏，而背景天际线上伏时，前、中景天际线下伏，从而形成多层次但相对和谐的对比。

②衬托关系。前、中景天际线与背景天际线的走势完全相同。背景天际线下伏时，前、中景天际线下伏，而背景天际线上伏时，前、中景天际线也上伏。前、中景天际线在背景天际线的衬托下，形成优美、层次丰富的天际线。

③呼应关系。三种不同层次组成的空间关系，具有不同的景观效果。在这几种关系中，衬托关系和呼应关系是优先推荐的，这两种控制关系最大限度地保证了滨海空间建筑与背景环境的和谐。因此，我们组织滨海空间的天际线，应该注重不同层次天际线之间的呼应与衬托，形成层次清晰、有韵律的滨海天际线。

6.2.4.3 协调岸线，突出天际线效果

与普通滨水空间不同，滨海岸线较长，也有更多的变化，不同形态的滨海岸线对滨海景观以及滨海天际线的影响有很大的不同。滨海岸线可以粗略分为凸形滨海岸线和凹形滨海岸线，不同形式的滨海岸线对天际线塑造的影响有所不同。

①凹形岸线与天际线。凹形岸线对海面形成环抱之势，容易形成内向型海湾空间。由于海湾的大小不同所形成的天际线走势也有所不同。中小型海湾岸线多为中低层建筑作为前景天际线，外侧布置少量高层建筑作为中景天际线，从内湾的感知场所看去，由于海湾空间较小，天际线起伏强烈。大型海湾沿岸线只布置中低层建筑则难以形成内向环抱之势，因此在中低层建筑后面多布置高层建筑，强化内向型空间，但由于内湾空间较大，天际线较和缓。

②凸形岸线与天际线。凸形岸线深入大海内部，拥有超过 180 度的广阔视野和被观察视野，可在主要视线通廊与凸形岸线的交会点处设置标志性建筑，作为主要视线通廊的底景，成为整条天际线中起伏变化最活跃的部分。

6.2.5 生态景观塑造下的滨海空间退缩线设计

对于城市经济发展以及生活来说，其基本保障是滨海空间的自然生态环境，而所有社会经济效益的前提基础则是自然生态环境的生态效益。所以，在进行城市滨海空间发展时，应该将尊重滨海空间自然生态环境作为其战略目标，注重对海岸带生态系统内容的保护，将滨海空间保护与多样化自然生态系统构建、空间环境质量改善等目标放在突出位置。

划定滨海空间退缩线是保护滨海空间生态环境的重要手段。根据海岸带地区不同的功能类型可以将海岸带地区划分为生态区域、生活区域和生产区域。不同区域类型由于其生态环境敏感程度不同，退缩距离以及管控刚性程度有所差异。

①生态区域。生态区域主要是指生态敏感度较高，具有特殊生态景观保护价值的区域，包括滨海红树林保护区、自然保护区、特殊地貌景观保护区以及未经开发的自然生态区域。由于其生态特殊性在进行生态区域退缩线划定时应以遵循生态优先的原则，退缩距离范围内区域刚性管控，退缩距离范围内严格控制开发建设。同时在退缩范围之外对确保不会对其生态功能产生负面影响的地区进行合理的开发和利用。

②生活区域。生活区域主要是指城乡生活比较集中的区域，包括城市建成区、村庄建设区域、城镇开发预留区域，同时也包括海滨浴场等人群活动较多的滨水开放空间。生活区域的生态敏感度相较生态区域而言较弱，退缩距离划定更多考虑风险防控和景观要素，退缩距离范围内管控较为刚性，在基本满足生态环境保护、灾害防护等要求的基础上适当进行开发建设。

③生产区域。生产区域是指滨海空间用于农业或工业生产的区域。农业生产区域不仅包括陆域传统农业生产区域，也包括海域渔业生产区域；工业生产区域包括港口物流仓储在内的各项工业用地。生产区域的滨海退缩线的划定以控制污染和保护生态环境为主要原则，陆海双向划定退缩距离，保护陆海两方面的生态环境，严格管控生产污染。

6.3 产业更新与生态景观塑造下的滨海空间形态设计要点

6.3.1 产业更新与生态景观共同影响下的滨海空间形态设计指引

在滨海空间形态设计中，产业功能与生态景观两大要素往往相互影响，相互协同。本节内容适应产业更新、生态可持续化的趋势，结合城市设计相关的景观要求，对滨海空间形态设计进行指引。

6.3.1.1 填海造地区域的平面组合范式

传统的临港工业类及交通枢纽类滨海空间考虑到便捷高效的交通联系和低廉的运输成本，填海平面多以整体形式进行设计。但在产业更新的背景下，推荐使用多区块组合或整体建设中的内湾形式，以满足综合的功能需要。多区块组合或内湾式的平面组合范式一方面能够丰富填海空间，使新填土地与自然景观融合、与水体充分呼应协调、增加亲水岸线长度，且新填土地单元之间水体稳定、便于控制，可设置游艇等项目，对旅游开发有益处。另一方面，分区块的填海平面设置也便于功能划分与生产要素的分散，有利于分期开发以及土地出让。对于平面组合的具体模式，可视实际功能需要进行选择。

6.3.1.2 填海造地区域的边界形状

填海造地区域应充分利用近海优良的自然环境和景观条件，在满足可持续发展的同时提升土地开发价值并借此优化城市形象，因此需根据其具体功能产业，确定几何或有机的边界形状。城市功能综合类填海造地区域为了较好地适应方格网状城市布局，平面较为规整，形态多为几何化和简单化；旅游度假类填海造地区域为追求空间和景观品质，最大限度地延长岸线长度，因而多选用平面形态自由的有机形。

在选取具体平面几何形态时，可在平面组合的前提下，基于区块主要的产业功能需要，结合城市设计与空间设计的技巧进行边界形状设计。“边界形状为六边形或者八边形等规整图形，由于形体明确，能够给人向心的感受”[1]，利用其与填海用地结构规划中的节点及轴线设计结合，有助于景观效果的实现和视觉感受的强化，可为详细设计与景观设计提供空间优势，对于商务办公、文娱活动等功能空间来说十分适宜。此外，矩形给人以良好的空间感受，而三角形具有空间变形的元素，在设计中应加以运用或进行规避。自然有机的平面形态可以丰富岸线空间，实现水陆互动的景观功能，主要适用于旅游开发为目的的填海造地项目。任意的曲线能使人感到空间的自然与活泼，加之岸线的丰富形态，很容易做出精彩的体验空间，很好地符合了宜居、宜游等要求。综合各类填海造地区域平面形状的属性，可对其空间特点与功能适宜性进行综合比较分析（表 6-3）。

表 6-3　填海造地区域的边界形状及产业功能适宜性评价

评价方面 / 形状	空间感受	适宜功能					用地效率评价			景观效果评价		
		R	B	I	T	H	好	中	差	好	中	差
三角形	空间变形			√		√			√			√
对称四边形	展示、迎接											
对称多边形	向心											
多边形	开敞、丰富											
圆形	向心			√	√				√	√		
特殊几何形	丰富、趣味	√	√		√				√	√		
有机形	自然、丰富											

注：表中 R—居住；B—商务办公；I—产业；T—旅游；H—港口运输。
资料来源：作者自绘。

6.3.1.3 填海造地区域的岸线形式

滨海空间亲水性设计是滨海景观设计的重要内容，滨海开敞的岸线空间应做到可进、可亲、可容，可从岸线平面形态、剖面等方面来强化。滨海岸线空间是陆域与水体相互渗透的结合处，是滨海亲水活动的最佳体验区，丰富多变的岸线形成不同的亲水空间，为人们在滨海空间的活动提供了场所，给人不同的心理感受。岸线平面形态应尽量尊重自然，保持水体的自然流畅形态，避免机械单调的岸线形态。具体来讲，岸线平面形态主要有三种：直线型、垂直折线型、曲线型。

1 卢宇．广西北部湾海岸带开发利用与保护研究［D］．南宁：广西师范学院，2017.

（1）直线型岸线形式

直线型岸线形式不符合水流运动的规律，空间单调缺乏变化，没有景观特色。该类岸线目前主要用于城市功能综合类滨海空间的港口岸线及少量生活服务类建筑岸线，整体来讲亲海性较差。可调整城市功能综合类滨海空间的岸线功能，改造直线型非港口岸线，可将其剖面改造为多层台阶式，层层跌落到海面，并设置亲海平台，既保证安全，又可使公众近距离与海水接触。此外，还可以设置深入大海的栈道、平台等。

（2）垂直折线型岸线形式

垂直折线型岸线形式不符合水流运动的规律，但空间变化比直线型岸线丰富，该类岸线主要适用于旅游度假类滨海空间的公共服务功能部分和城市功能综合类滨海空间的港口功能部分。如卡塔尔珍珠岛的内湾岸线共有七个垂直折线型区域，该区域陆地上布置了标志性建筑，形成视觉焦点，海面上布置了大量游艇码头。在该岸线的垂直突出部分可在主要建筑临海界面放大步行空间成为小广场或跌落式亲海平台。其他部分可以结合滨海步行道的设计，将岸线的剖面设计成多层台阶式，在海陆交接处的海面上设置木质栈道和平台，并布置游艇码头。

（3）曲线型岸线形式

曲线型岸线形式与水流运动的规律相对应，而且空间变化丰富，在这三种岸线形式中亲水性最好，分为回形岸线、凸形岸线和凹形岸线，形成内向围合空间感，适合旅游度假类滨海空间的度假休闲功能区和公共服务区。度假休闲功能区岸线一般布置人工沙滩，公共服务区的岸线一般布置滨水步道。

6.3.1.4 填海造地区域的防护护岸设计

护岸具有保护人工岛免受海浪、海潮侵袭的作用，因此护岸与海平面高差越大，保护作用就越强。亲水性要求人们所在的护岸与海平面的高差越小越好。因而，应注重护岸的剖面设计，使其既满足防灾要求，又满足人们的亲水性需求。具体来讲，护岸的剖面形式共分为三种：直立式、斜坡式、多层台阶式。

（1）直立式护岸

直立式护岸可适应高海浪、大潮差，主要适用于港口岸线和临港工业岸线，以及滨海空间狭小的区域。在这种护岸上，人与海面的高差大、距离远，因而亲水性差，可在海中设置栈桥等改善这一状况。除城市功能综合类填海造地区域的港口岸线外，其他岸线区域均不推荐使用此种护岸形式。

（2）斜坡式护岸

斜坡式护岸在防灾和亲水性方面都较为均衡，此种护岸形式适用于滨海商业休闲空间和滨海观赏休闲空间的绝大部分岸线。斜坡式护岸可以在最底层设置亲水平台，设置台阶供人上下，在满足防灾要求的同时，增加亲水游憩空间。此外，在保证斜坡式护岸安全的前提下，可以在斜坡上种植草坪，在护岸内侧种植树木，软化堤岸空间，从而增强滨海开放空间的亲水性。

（3）多层台阶式护岸

多层台阶式护岸有较好的防灾功能和最大程度的亲水性。此种护岸形式适用于滨海商业休闲空间和滨海观赏休闲空间，人们不仅可以坐在台阶上观看海景，而且可以走下台阶到最下面一层平台上与海水做最亲密的接触。此外，部分旅游度假类填海造地区域为保证自身的高端定位，可在距填海造地区域一定距离的外海建一圆形防波堤，留几个供海水交换和游艇出航的通道。防波堤宜采用多层台阶式，不仅可将大的波浪阻隔在防波堤之外，还能将防波堤自身高度降到最低，减少对观海视线的阻挡。防波堤内部的海水波浪较小，因而填海造地区域的陆地平面标高可减至最低，甚至可以将岛的岸线全部设计成人工沙滩，最大限度地保证亲海性，此种设计适合高端旅游度假类填海造地区域的滨海度假休闲空间。

6.3.1.5 滨海空间（海岸带）的景观生态结构

就景观生态结构而言，需保护自然基底，体现滨海特色，充分利用海岸线景观生态资源向海岸带地区渗透，配合滨海空间向生态化的城市功能综合区发展。滨海空间开放空间仅仅是一条线不会给城市带来全面的变化，需进行系统化设计。以线性公园绿地、林荫大道、步道及车行道等构成的海滨通往城市内部的联系通道应作为滨海开放空间的延伸，并在适当地点进行节点的重点处理，放大广场、公园，在重点地段设计城市地标或环境小品，使滨海空间向城市扩散、渗透，与其他城市开放空间构成完整的系统。经过城市设计，滨海岸线将作为一个整体为城市提供丰富多彩的充足的开放空间及公共绿地，并通过步行系统的联合使其成为完善的城市开放空间体系的一个有机组成部分，以形成对休闲娱乐活动及旅游产业的有力支持[1]。

---

1 卢宇 . 广西北部湾海岸带开发利用与保护研究［D］. 南宁：广西师范学院，2017.

6.3.1.6 滨海空间（海岸带）的建筑组群布局

通过研究分析，海岸带地区的建筑组群布局形态设计需要依据海岸线的形态，综合产业功能性质及其景观需要，并充分利用海景、海风、日照等自然要素。对于较平直的海岸线来说，适宜使用网格式的建筑布局形态；对于湾道型的海岸线来说，适宜使用集中式的建筑布局形态，而由于海岸带地区涉及海岸线较为宽广，不同区段岸线的曲折程度各不相同，因此对于大多数海岸带地区来说，应综合使用两种方式，采用混合式布局形态。

（1）网格式布局形态

网格式布局形态是指把网格式道路作为限定建筑空间布局的主导因素，使建筑沿着道路呈现规则式布局的空间形态，网格式布局保证了建筑空间的均匀性。网格式建筑组群布局的海岸带地区平面形态一般较为规整，岸线曲折度不大，岸线所形成的少量矩形内湾岸线多作为公共码头或企业专用码头，局部岸线布置公园、广场、滨海步行道等公共空间，岸线的公共亲海性相对较差。

该类型布局形态的海岸带地区，在配合混合功能布局的同时，需考虑建筑布局的层级，实现从滨海岸线到内部区域建筑高度逐渐升高的建筑组群态势。港口码头等交通生产类建筑及部分商业娱乐类建筑多布局在岸线区域，这些建筑一般较为低矮；紧接着布置多层和低层为主的居住类建筑、公共服务设施类建筑和产业类建筑；其他高层或多层的商务办公建筑、居住类建筑均布局在靠内陆的地区。

（2）集中式布局形态

集中式布局形态是“一种稳定的向心式的构图，它由一定数量的单体建筑围绕一个大的、占主导地位的中心建筑或中心空间构成，组合中心的建筑等中心空间一般是规则形式，在尺度上要大到足以将次要单体建筑集结在其周围”。此类布局形态主要适用于湾道型滨海空间。其平面上表现为曲线形的内湾空间，内湾的空间尺度较大。周边建筑组群配置结合功能布局与空间尺度的合理性、舒适性考虑，一般由高层建筑形成连续界面，建筑主界面面向内湾呈向心放射式布局，形成内向型围合空间。

配合海岸带地区产业功能综合化的趋势，进行实现合理功能分配的集中式建筑空间布局。内湾的中央位置一般会配合现有岛屿、半岛，或新填岛屿、半岛，并在岛上布置低层的文化或娱乐建筑，作为视觉焦点。距离海面最近的区域通常布置中低层商业功能建筑，建筑界面连续，只在视线通廊处断开。低层建筑外多布置高层点式建筑，配备商务办公、高层居住等功能，从而形成内低外高的空间形式，既保持了内外滨海区的宜人小尺度，又强化空间的整体围合效果，保持了视线的通透。

（3）混合式布局形态

从规划合理性考虑，海岸带地区所涉及海岸线宽广，不同区段岸线的曲折程度各不相同，海岸带地区面积较大、功能复杂，很难实现整个区域的建筑群体采用一种布局形态，因而上述两种建筑组群布局形态一般出现在海岸带的局部地区，整个海岸带地区则多采用混合式的空间布局。

6.3.1.7 滨海空间（海岸带）的建筑密度控制

（1）建筑间距

建筑间距是对建筑密度进行控制的一个方面，是指两栋建筑物外墙之间的距离。建筑间距与滨海空间的功能类型密切相关，在海岸带地区从工业化转向城市功能综合化、商业旅游化的产业更新的背景下，建筑间距的控制不再单一地考量产业区相关规范要求，而需更多地考虑日照、防火及观景、海陆风渗透的要求。

基于海岸带地区城市功能综合化的产业更新背景，需着重考虑生活要素注入后日照、防火的相关规划要求。根据 GB 50352—2005《民用建筑设计通则》规定，建筑间距应符合防火规范要求；建筑间距应满足建筑用房天然采光的要求，并应防止视线干扰。城市功能综合类的滨海空间大部分为码头和堆场，少量为滨海休闲空间，生活类建筑距离岸线很远，因而需主要考虑日照和防火规范要求。

而对于具有较多旅游度假功能的海岸带地区而言，除了应满足日照和防火等规范要求外，还应减少对观赏海景视线的遮挡，保证滨海景观向内陆渗透。旅游度假类滨海空间的建筑间距如果过大，易造成滨海界面不连续，天际线散落，而如果间距过小，则易造成滨海景观视线的渗透性差，也会阻隔海陆风的引入。

（2）建筑面宽

在生态可持续理念的共识不断提升以及滨海空间城市功能综合化和商业旅游化的背景下，愈发强调海岸线向海岸带地区的空间渗透和空间联系，继而对建筑面宽提出了更多的要求。海岸带地区具有最好的观海视线，是稀缺资源。建筑面宽的控制应在空间整体布局的基础上，避免滨海建筑界面过长、过大，协调建筑之间的相互关系，以减少对观景视线和垂直于海岸线的开敞空间的阻隔。目前来说，滨海建筑面宽尚缺乏明确的规定，其设计内容主要包含建筑面宽绝对值控制和建筑面宽相对值控制（即间口率）两个方面，可参考一些地方的滨水区管理规定进行规划设计。

6.3.2 产业更新与生态景观塑造下的滨海空间形态设计要点

滨海空间因其重要的经济地理区位及生态景观条件，受到产业功能、自然生态、空间景观的多资源环境约束。但相对于海水动力、海洋灾害等工程制约性的资源约束，产业功能、生态景观等约束因素更具美观和灵活性，在制约设计的同时，也作为设计要素为滨海空间形态设计创造了有利条件。如何在资源约束的情况下充分利用各要素条件，应注意以下设计要点。

6.3.2.1 明确分类分区的设计方法

分类分区的设计方法是应对产业功能、生态景观的资源约束条件限制的重要手段。在进行滨海空间形态设计时，应考虑区域自然条件、生态格局及生态敏感性，明确地将滨海空间划分为生态区域及生产生活区域，并依据产业功能定位或产业更新要求对生产生活区域进行分区，结合景观资源条件，运用城市设计手法，针对性地对不同类型、不同功能区域进行空间形态设计。

6.3.2.2 强调岸线与内陆的联系

滨海岸线区域是海陆各种资源、信息要素流通的出入口，也是生态景观条件最为优异的区域。在海洋战略和海陆统筹的背景下，需加强岸线与内陆的联系，使岸线、海岸带地区及背后城市的用地功能相协调，并配置合理的交通体系，提升整体区域发展。同时，需充分体现滨海景观的资源优势，加强开敞空间体系构建，并在建筑空间布局上，考虑岸线景观的渗透性，加强岸线与城市内陆的联系。

6.3.2.3 注重设计要素的紧密耦合

产业功能、生态景观不仅是资源条件约束，也是重要的设计要素。但在设计过程中，产业功能、生态资源、景观条件往往相互影响。因此，需结合功能区域的特点、自然资源条件、岸线景观资源，进行耦合分析和系统整合，充分利用各项要素，打造既能符合功能意象、人群需求，又能体现滨海特色、自然生态和城市设计美观性的滨海空间。

第 7 章　滨海空间形态设计方法总结

本书的第 4 章、第 5 章、第 6 章分别从海洋生态、综合防灾、产业更新与生态景观四个方面，对资源环境约束下的滨海空间特殊性及设计内容进行了详细阐述，并进行了要点总结。而本章将以这些章节为基础，总结各项资源环境约束下的滨海空间形态设计方法，并综合多项资源环境约束条件，提出滨海空间的平面组织、竖向设计、空间规划的相关方法，为滨海空间形态设计提供技术性参考。

7.1 各资源环境约束下的滨海空间形态设计方法集成

7.1.1 海洋生态约束下的滨海空间形态设计方法

本书第 4 章通过水动力模型的模拟以及评价体系的构建对海洋生态约束下的滨海空间设计进行了详细介绍。本节以此为基础，总结海洋生态约束下的填海造地区域空间形态设计应当遵守的基本方法。

7.1.1.1 填海造地区域与陆域的相对位置

填海造地区域与陆域的相对位置关系决定了新建土地与已有岸线在平面上的空间联系，是平面结构的基础。常见的相对位置关系有平推、截弯取直、相连、相离四种。基于海洋生态约束条件，填海造地区域与陆域的相对位置设计应遵循以下方法。

（1）在岛岸关系选择上，优先选用离岸人工岛式设计

在四种岛岸关系中，平推式施工简易、工程量较大；截弯取直式工程量较小、工期较短，但截弯取直式和平推式填海对海洋生态环境的影响不容忽视。人工岛方式的实施难度和成本显然最大，但其对海洋水动力环境影响最小。因此，在海洋生态的资源条件下，离岸人工岛设计是最优方案。

（2）对于离岸人工岛，尽量增大岛岸之间的间距

通过水动力模型的模拟可知，在涨落潮时段，岛岸距离越大，两岛通道处以及岛西侧和东北侧靠近岛的区域水流流速越大，泥沙淤积强度较弱；岛北侧与海岸之间区域以及岛南侧流速越小，海床的冲刷强度较弱；特定水域内水体交换能力以及两岛通道处水

体交换能力均较强。因此，在海洋生态环境的约束下，应使填海人工岛尽量远离海岸，以减少泥沙淤积和海床冲刷，改善近海水体循环能力。

7.1.1.2 填海造地区域的边界形状

填海造地区域的边界形状对填海水域流场和水体交换能力均有不同程度的影响。根据水动力模型可知，在海洋生态的约束下，人工岛边界形状选择的优劣排序依次为矩形、三角形、圆形、锯齿形、有机形、新月形。边界形状确定的基本方法如下。

（1）避免尖锐突出的边界形状

当填海造地区域边界产生岸线突变，即形成具有尖锐突出的边界形状时，会于涨落潮时间段在填海水域产生环流，造成填海水域的水体交换能力较差，泥沙淤积程度和泥沙冲刷程度增加。因此，在海洋生态的约束下，应避免尖锐突出的边界形状，选择简单且岸线较平滑的边界形态，使得涨落潮时段填海水域水流趋于稳定。

（2）避免形成复杂的半封闭区域的边界形状

半封闭区域边界水域易在涨落潮时段产生环流，使得整体水流流速减小，局部区域水流流速较大，水域的泥沙淤积程度和泥沙冲刷程度均较大，且填海水域的水体交换能力较弱。因此，在海洋生态约束下，填海造地区域的边界形状设计应尽量减少半封闭区域的数量。在填海区域内部水域设计上，注意湖口通道的设计，重点选择湖口宽度较小、内部水域面积较大的设计，以减少环流产生的泥沙淤积和冲刷，并增强填海水域的水体交换能力。

7.1.1.3 填海造地区域的岸线形式

填海造地区域的岸线形式可归纳为平直型、弧线型和自然型三种，不同类型的岸线形式会对海洋水动力环境产生不同程度的影响，在设计时应遵循以下方法。

（1）避免直线型岸线的填筑

直线型岸线形式造价成本相对较小，但易受到纵向泥沙运动影响。因此在海洋生态的约束下，应优先选取弧线型及自然型岸线形态，以形成内湾空间，减少泥沙运动的影响。

（2）加强自然岸线的保护

人工建设弧线型及自然型岸线固然是相对建设直线型的更优先选择，但其建造成本较高。因此，更为节约而有效的方式是加强现有自然岸线的保护，在填海造地工程建设时尽量不用或少用原有自然岸线，尤其避免采取截弯取直等破坏自然岸线、影响水动力环境的填海造地方式。

7.1.1.4 填海造地区域的平面组合范式

填海造地区域的平面组合可划分为整体型与多区块组合型两类，包含整块式、水道式、内湾式、多块式等多种范式。填海单元在各自形态选择上需考虑水动力环境并合理规划有利于区域稳定性的平面形状。当若干单元组合在一起时，不仅要从整体上保证对水动力环境的维护，也要对其内部水体的流通与循环进行专门的研究和设计。在海洋生态的约束下，填海造地区域平面组合范式的设计方法如下。

（1）优先选用多区块组合的串联式范式

多区块组合型平面组合在水体循环方面要优于整体型，其中串联式最优，其次为并联式、散布式和放射式。串联式形成垂直于岸线的独立水道，因路径直接简单，受到潮汐作用能保证水循环，在近岸侧能够促进海水流动，整体水体交换能力最强。并联式形成顺岸方向的独立水道，在顺岸方向上易受到主单元的影响，有较强的水体交换能力。散布式能够形成多条内部水道，可满足多方向设置水体进出口的要求，因而可以有效改善内部水体循环的水力学条件。而放射式由于流场的相互干扰，在外海测海水流动最好，近岸的生态敏感区水体交换较差。因此，在海洋生态的约束下，应优先采用平行于海岸的串联式布局，其次选用垂直于海岸延伸较多的并联式布局和分布差异比较随机的散布式布局，尽量避免采用以一个主岛为核心的放射式布局以及整体型布局。

（2）对于多区块组合，尽量减小岛岛间距

通过第 4 章水动力模型模拟可知，岛岛间距越小，岛间流速越大，近岸侧的流速会下降；间距越大，水道内的海水流速下降越明显，水体交换能力越弱。因此，减小岛岛间距可以增大岛间流速，降低泥沙淤积程度，并提高水体交换能力，较小的岛岛间距是海洋生态约束下的优先选择。

7.1.2 综合防灾约束下的滨海空间形态设计方法

本书第 5 章从综合防灾的角度，对疏灾空间、承灾空间、缓冲隔离空间等防灾空间综合布局及竖向规划进行了详细介绍。本节以此为基础，总结综合防灾约束下滨海空间形态设计应当遵守的基本方法。

7.1.2.1 填海造地区域与陆域的相对位置

填海造地区域与陆域的相对位置能够直接影响道路等基础设施与陆域联系的紧密性，进而影响填海造地区域的避灾空间系统配置和道路疏散系统布局。截弯取直式和突堤式填海造地空间相较于离岸式填海造地空间而言，与受灾害影响小的内陆避灾空间联系更为紧密，是防灾避灾的优先选用形式。其中，截弯取直式填海造地空间基础设施配置最为便捷，其路网结构为原有路网肌理的整合，内外部交通网络联系性最强，有利于灾害疏散和避灾转移。突堤式则需要内岸的道路中枢或额外增加主要干道，但因其后部完整连接内陆区域，仍可达到较强的交通联系性。然而，离岸人工岛则远离内陆核心避灾空间，加之跨海交通设施配置造价较高，使得人工岛与陆域交通联系性较差，不利于灾害疏散和避灾转移。因此，在综合防灾的约束下，应优先选择截弯取直式和突堤式的相对位置，以加强与陆域的交通联系，若确需使用离岸式相对位置，则应另外考虑岛岸的连接性、交通导向性，以及交通单元与内岸交通联系单元之间的相互关系等多种复杂问题。

7.1.2.2 填海造地区域的平面组合范式

（1）优先选用疏灾能力较强的整体型平面组合范式

填海造地区域的平面组合范式可对道路网的布局产生直接影响，进而影响填海造地区域疏散救援通道系统。在综合防灾的约束下，应优先选取整体型的平面组合，尤其是整体型中的整块式平面组合范式，以便于网格式的路网结构配置，利于内外部交通联系，加强道路的导向性。而散布式、放射式、并联式、串联式等多区块的平面组合范式不可避免地产生放射式、串联式、并联式以及自由式的路网，从而可能会对灾时道路交通疏散产生压力，应避免选择。例如，放射式的平面组合范式会形成放射式的路网，虽其路网组织导向型性较强，但需要通过海底隧道或跨海大桥作为交通联系单元，灾时交通联系单元的疏散压力较大；串联式、并联式的平面组合范式会形成串联式、并联式的路网，其主要道路在连接和组织各个交通单元或对各支路交通单元进行整合的同时，也承担着联系内岸的作用，灾时道路交通疏散压力更大；复合式的平面组合范式易产生自由式路网以加强各个单元的交通联系，但因自由式路网缺乏主要的交通整合单元，各交通单元与内岸联系性弱，交通导向性差。因此，基于综合防灾的约束，尤其是对于大型填海造地区域，应优先选用整体型平面组合以提高灾时道路疏散能力，满足防灾疏散的要求。中小型填海造地空间因防灾疏散需求相对较小，也可选择多区块组合型的平面组合，但需加强交通系统的建设。

（2）优先采用网格式和混合式水道布局，并合理确定水道宽度

水道是重要的疏散救援和缓冲隔离系统，水道的布局与宽度对海洋灾害的防治具有重要的意义。就疏散救援功能而言，网格式和混合式的水道布局在方向识别性和交通效率上的表现均较好，是综合防灾约束下的优先选择项，适合开发规模较大的填海造地区域。而鱼骨式及行列式水道布局方向识别性好但疏散性一般，细胞式水道布局疏散性好但方向识别性较差，自由式水道布局疏散性与方向识别性均较差，应避免在疏散要求较高的区域使用，而仅用于灾害疏散能力较弱的填海造地区域。同时，主要水道应当适应救援指挥船只的双向交通和富裕宽度的相关要求。而就缓冲隔离功能而言，混合式或网格式的水道设计更具优势，有利于形成水道、内湾相互补充的纳潮汇水空间，防灾能力较强。综合来看，网格式和混合式水道布局同时具备良好的疏散救援和缓冲隔离功能，是防灾约束下的优先选用形式。

7.1.2.3 填海造地区域的防护护岸

防护护岸的边界类型可划分为截断型边界和过渡型边界。截断型边界空间分隔明确，具有心理和行为上的双重性，不易跨越，是综合防灾约束下的更优先选择。而台阶式、混合式、坡度式等过渡型边界的空间分隔性弱，空间可达性强，易在灾时产生指向误导，造成人员安全和财产损失的隐患。但考虑到防护护岸的平灾两用属性，也常常在填海造地区域中使用过渡型边界，但需注意适当的空间分隔和标识指引。

7.1.2.4 滨海空间（海岸带）的排水系统

当风暴潮等海洋灾害发生时，易在截断型边界塑造类似的跌水形态而产生界面冲刷，需设置额外的导流路径，提前将部分潮水引入消力池或溢流井，以限制流速。当风暴潮灾害发生过后，应在承灾空间最低位设置抽水口，以彻底排除积水。

7.1.2.5 滨海空间（海岸带）的岸线规划

在综合防灾的约束下，应适当抬升岸线以隔离海洋灾害，并建设生态岸线空间以缓冲海洋灾害的影响。岸线提升和滨海堤坝的设置，有利于隔离风暴灾害。对关键的地理位置，如重要出入口、港口码头等交通基础设施进行高架设置，具有避免关键设施淹没、隔离海洋灾害的重要意义。另外新建生态岸线的方式，或将硬质岸线进行再设计，可在构筑开放空间的同时也为灾害预留缓冲空间，以自然的方式对灾害进行多层次防御。

7.1.2.6 滨海空间（海岸带）的空间容量与指标

高层建筑是适用于风暴潮灾害发生初期的应急防灾避难场所。建筑高度是衡量空间容量的重要指标，在高度设计上，应建设高度相对均匀的高层建筑群，以降低风场环境的影响；对于建筑高度相差较大的地区，需针对低层建筑的下行风，适当将裙房进行退台式设计并种植行道树，以减缓高度差的变化过程。

7.1.2.7 滨海空间（海岸带）的建筑空间

（1）高层建筑采取并置、错位的建筑排布方式以及院落式、行列式的布局组合

在建筑布局方向的选取上，应避免建设在风暴潮主导风向的板式高层建筑；在建筑排布形式上采取并置、错位等方式，以减缓风暴潮对单独建筑的冲击；在建筑布局组合的选取上，应多采取防风效果较好的院落式和行列式布局组合。

（2）采取有利于隔离灾害的建筑方案

有效的建筑设计可以加强建筑作为防灾隔离空间的属性，以应对风暴潮的灾害。其具体手段有三种：一是建设透水建筑，进行结构设计以减轻墙面底部的静水压力，使得建筑首层具有浸水能力，以承接隔离灾害的功能；二是建设抬升式建筑，即底层架空式和台基式建筑，以防洪防潮；三是建设防水建筑，用防水涂料、不渗透膜或混凝土的补充层来密封墙壁，以达到短期隔离灾害的效果。

7.1.2.8 滨海空间（海岸带）的道路交通系统

（1）构建布局适宜、层级明确、组织高效、竖向合理的道路系统

①优先选用复合式和网格式的路网结构，构建布局适宜的道路系统。

道路格局因受填海造地区域的平面组合范式的影响，在本节第二条（7.1.2.2）已有介绍。网格式和复合式的路网交通联系性强，交通疏散能力较好，是优先选用的路网结构，在进行填海造地区域空间设计时，应在平面组合范式限定的基础上优先选用。

②确定道路的应灾功能和应灾等级，构建层级明确的道路系统。

在综合防灾的约束下，应积极构建疏散救援道路的功能与级别分类，以有效引导救援车辆和避难人员，快速连接避难场所和交通枢纽。在功能分类上，应设置避难通道、紧急通道、救援输送道路等各类道路，以应对灾前、灾时、灾后各类功能需求，并合理确定各类道路的宽度。在级别分类上，可依据道路所连接的避难场所、交通枢纽、公共中心的情况，区分道路的主次，进行分级疏散救援引导。

③对道路进行立体分层并增加大路网密度，构建组织高效的道路系统。

立体化、高密化的道路系统有利于减少交通冲突点，有利于应对复杂多变的海洋灾害。一方面，可在中心区域和交通易拥堵的区域建立多层平面的立体式交通，充分利用地上层、地面层和地下层，引导不同的车辆和人流，并加强各层之间的联系。另一方面，可适当增大路网密度，采取窄街道、密路网的形式，提升灾时疏散交通的稳定性。

④下沉非机动车道，补充扩口型直坡通道，组织衔接道路交叉节点，构建竖向合理的道路系统。

城市道路是填海造地区域遭受灾害影响的首要空间，也是灾时潮水疏导和排涝的重要途径，合理的竖向设计极为重要。在横截面的设计上，应采取下沉式的方式以提升道路空间对入侵潮水的承灾能力，考虑到机动车道在灾时还承担着重要的疏散救援、运输物资功能，因此应优先下沉两侧非机动车道路，以避免对灾时机动交通效率产生影响。对于道路纵向设计而言，可适当对道路纵坡限制进行适当突破，补充设置直坡通道，以在紧急疏散时提高疏散效率。在通道出入口的形式选取上，应优先选择扩口型直坡通道，以在提供较为有效的疏散空间的同时，还具备较强的引导性。在衔接道路交叉口节点的设计上，可设置适当的沟通渠道，并保证沟通渠道的底部标高不低于积水重力流向下游方向的下沉道路底部标高，确保节点处的流量上限高于来水渠道的饱和流量，避免节点堵塞或引流不畅。同时在进行各项竖向设计时，还需结合填海造地区域的地形地势条件，并对地势低洼的区域进行泵站、排涝设施的布置。

（2）构建内容丰富、立体缝合的慢行系统

①创造以人为本的街道，丰富城市慢行空间。

现有的城市道路总是存在慢行空间匮乏、相互隔离、不成体系等问题，极大地降低了灾时疏散效率，因此，应加强街道设计，设计以人为本的街道，恢复城市街道作为城市空间的重要角色，使其平时作为重要的公共交往空间，灾时作为避难及疏散空间，形成连续的慢行疏散救援通道，并减少避难人员与车辆的冲突。

②构建联系性强、功能多样、可达性高的立体慢行空间。

立体慢行空间是地面慢行空间的重要补充，其能有效规避地面灾害，防灾避灾能力较强，同时其能和车流空间隔离，是更安全有效的避灾疏散通道。立体慢行疏散空间在设计时应注意联系各重要建筑和城市空间，并克服河道、铁路等线性空间在地面层造成的空间割裂。另外，还需提升立体慢行空间的可进入性，保证其宽度与周边的建筑用途、规模相适应，并加强无障碍设计，设置坡道与升降扶梯。同时，立体慢行空间还应提供相应的照明、饮水、休憩场所，并设计多样的疏散平台，使其承担疏散救援功能的同时还可作为重要的避灾空间。

7.1.2.9 滨海空间（海岸带）的绿色开放空间

（1）遵循城市防灾分区布局，创建体系化、功能化的绿色开放空间

室外开放空间是致灾前的临时疏散集合场所，应根据防灾分区格局布置点、线、面绿色开放空间。在具体布局上，应以线状开放空间作为引导的应急疏散路径，以点状、面状绿色开放空间作为不同层级的应急疏散点，形成连续的避灾开放空间体系。同时，还需基于布局设置，为不同层级的绿色开放空间提供必要的生活救援设施，以满足避难人员临时避灾的基本需求。

（2）创建网格化、立体化的绿色开放空间格局

由于填海造地区域有着强大的用地刚性约束，因此不应考虑建设大面积的绿色开放空间，而是应在综合防灾约束下，以网格化、立体化的集约方式，建设渗透性的开放空间格局，以保证开放空间的联系性，满足各个街区的防灾需求。

（3）进行韧性化、精细化的绿色开放空间设计

综合防灾约束下的绿色开放空间不应仅考虑景观效果，而应进行韧性化、精细化的设计，以构成防灾空间的地域措施，延迟致灾时间。应对各类公共空间进行海绵城市设计，并加强雨水湿地、雨洪公园、下沉式绿地、下沉式运动场地等的建设，以减轻灾害初期市政排水、汇水的压力。同时，还需在保证避难疏散安全的同时创造竖向标高，避免绿色开放空间作为灾时避难空间被风暴潮所淹没。

7.1.3 产业更新与生态景观塑造下的滨海空间设计方法总结

7.1.3.1 填海造地区域的边界形状

在产业更新与生态景观塑造下，填海造地区域的边界形状并没有固定范式，而需根据具体功能，综合城市设计的相关手法进行确立。综合来说，城市功能综合类的填海造地区域应选择几何化和简单化的边界形状，并选用六边形、八边形等多边形的几何形态给人以向心、开敞、丰富的感受，或选用矩形的几何形态给人以迎接的感受，但需避免使用三角形的几何形态。而旅游度假类的填海造地区域则应选择自由的有机形的边界形状，以延伸岸线，提升景观效果。

7.1.3.2 填海造地区域的岸线形式

基于产业更新与生态景观的塑造，在具体岸线形式的选取上，应优先采用最符合水流变化规律且亲水性与景观性最好的曲线型和自由型岸线形态，以满足度假休闲功能区和公共服务区的景观环境需要。但对于局部港口地区，应采用垂直折线型岸线形态，以方便交通运输。直线型岸线形态应在设计中尽量规避。

7.1.3.3 填海造地区域的平面组合范式

在产业更新与生态景观的塑造下，推荐使用多区块组合或整体建设中的内湾式的平面组合范式，一方面便于分期开发和土地出让，另一方面有利于形成城市水体相互交融、具有滨海特色的景观生态空间，从而在打造景观效果的同时，顺应城市功能综合化和商业旅游化的产业更新背景。

7.1.3.4 填海造地区域的防护护岸

直立式护岸可适应高海浪、大潮差，主要适用于港口岸线和临港工业岸线，以及滨海空间狭小的区域。斜坡式护岸在防灾和亲水性方面都较为均衡，此种护岸形式适用于滨海商业休闲空间和滨海观赏休闲空间的绝大部分岸线。多层台阶式护岸有较好的防灾功能和最大程度的亲水性，适用于滨海商业休闲空间和滨海观赏休闲空间。

7.1.3.5 滨海空间（海岸带）的岸线规划

划定滨海区域退缩线是保护滨海区域生态环境的重要手段，需依据海岸带功能采取不同的退缩线划定策略。对于生态型海岸带区域，需扩大退缩范围，在退缩距离范围内进行严格刚性管控，在退缩范围之外进行细致评价。仅对确保不会对区域生态功能产生负面影响的地区进行合理的开发和利用。对于生活型海岸带区域，需更多考虑风险防控和景观要素，确立退缩距离，退缩距离范围内管控较为刚性。对于生产型海岸带区域，应以控制污染、保护生态环境为主要原则陆海双向划定退缩距离，严格管控生产污染。

7.1.3.6 滨海空间（海岸带）的空间容量与指标

（1）建筑间距满足日照、防火及观景、海陆风渗透的要求

在海岸带地区产业更新的背景下，对建筑间距的控制不再单一地考量产业区相关规范要求，而需更多地考虑日照、防火及观景、海陆风渗透的要求。首先，需根据

GB 50352—2005《民用建筑设计通则》的规定，满足生活要素注入后日照、防火的相关规划要求。而对于具有较多旅游度假功能的海岸带区域而言，需在此基础上保证滨海景观向内陆渗透并考虑滨海界面连续性和天际线设置的相关内容。

（2）参考滨水区管理规定合理控制建筑面宽的绝对值和间口率

考虑到景观渗透和避免海陆风的阻隔，应避免滨海建筑界面过长、过大。可参考一些地方的滨水区管理规定进行规划设计，对建筑面宽绝对值和建筑面宽相对值（即间口率）两个方面进行控制。

7.1.3.7 滨海空间（海岸带）的建筑空间

建筑布局形态应综合考虑产业功能和景观生态要素，确立差异化、高渗透的建筑布局。一般而言，海岸带地区需采用混合式的建筑布局形态，较平直的海岸线区域使用网格式的建筑布局形态，而湾道型的海岸线区域使用集中式的建筑布局形态。在具体设计时，网格式布局需考虑建筑布局的层级，实现从滨海岸线到内部区域建筑高度逐渐升高的建筑组群态势。集中式布局需使建筑主界面面向内湾呈向心放射式布局，形成内向型围合空间，在内湾的中央位置设置视觉焦点，在建筑高度设置上形成内低外高的空间形式。

7.1.3.8 滨海空间（海岸带）的道路交通系统

（1）构建完善、协调的道路系统

就道路系统而言，首先需加强道路密度建设和道路等级规范，以满足城市综合功能的需求；另外还需加强路网的有机协调性，合理衔接周边区域路网，强调生产、生活区域的通达性，使岸线交通能够顺畅、有序地通达城市的各个角落。

（2）构建多类型的慢行交通系统

就慢行交通系统而言，应以海岸线为基础，建设网络化的慢行交通系统，并推动慢行交通向立体化方向发展。同时，还需提供合理的步行体系，并协调慢行系统设计规划及周边用地功能，吸引更多的步行人流。

（3）加强配置合理的静态交通和公共交通系统

基于海岸带地区城市功能综合化的产业更新趋势，应在城市社区、城市中心区、城市产业区、商业旅游区配置合理的、分层级的静态交通，为生产、生活、商业活动提供便利，同时需加强公交网络的联系，在满足城市生活需要的同时顺应低碳生态的发展诉求。

7.1.3.9 滨海空间（海岸带）的绿色开放空间

（1）保护自然基底，加强岸线渗透，构建具有滨海特色的景观生态格局

海岸带地区不仅需加强滨海岸线的景观生态设计，同时应在其基础上，从滨海岸线向内陆地区进行渗透。以线性公园绿地、林荫大道、步道及车行道作为联系岸线与城市内部的联系通道，并在适当地点进行节点的重点处理，构成完整开放的景观生态格局。

（2）重视公共空间土地利用规划

除了必要的港口工业区外，滨海岸线应尽量减少与生活关联度小的用地布局，构建开放的近海公共空间。同时，规划应控制形成海面—岸滩带—公共空间带—滨海道路—复合城市建设用地的功能布局结构，以保障可持续、联系紧密的公共空间布局。在公共空间具体的土地利用方面，应强调用地混合。

7.1.4 小结

综上所述，各资源环境约束下的滨海空间形态设计方法见表 7-1。

表 7–1　各资源环境约束下的滨海空间形态设计方法总结

约束条件	地域	设计内容	具体内容	设计方法
海洋生态	填海造地区域	平面组织	与陆域的相对位置	①优先选用离岸人工岛式设计； ②对于离岸人工岛，尽量增大岛岸之间的间距
			边界形状	①避免尖锐突出的边界形状； ②避免形成复杂的半封闭区域的边界形状
			岸线形式	①避免直线型岸线的填筑； ②加强自然岸线的保护
			平面组合范式	①优先选用多区块组合的串联式范式； ②对于多区块组合，尽量减小岛岛间距
综合防灾	填海造地区域	平面组织	与陆域的相对位置	①优先选用截弯取直式和突堤式； ②若确需使用离岸式相对位置，需考虑海陆交通联系问题
			平面组合范式	①优先选用整体型平面组合范式； ②对于多区块或内湾式平面组合方式，优先采用网格式和混合式水道布局，并合理确定水道宽度
		竖向设计	防护护岸	①优先选用截断式边界； ②对于过渡型边界，需注意适当的空间分隔和标识指引
	海岸带地区	竖向设计	排水系统	①关注截断型界面的缓冲和拦截设计，设置消力池或溢流井； ②在承灾空间最低位设置抽水口，并采用周边式的抽水口布局方式

表 7–1　各资源环境约束下的滨海空间形态设计方法总结（续）

约束条件	地域	设计内容	具体内容	设计方法
综合防灾	海岸带地区	空间规划	岸线规划	①适当抬升岸线布局； ②建设生态岸线空间
			空间容量与指标	①建设高度相对均匀的高层建筑群； ②对于建筑高度相差较大的地区，适当采取退台式的建筑高度设计并种植行道树
			建筑空间	①高层建筑采取并置、错位的建筑排布方式以及院落式、行列式的布局组合； ②采用透水建筑、抬升式建筑以及防水建筑的建筑设计方案
			道路交通系统	①优先选用复合式和网格式的路网结构，构建布局适宜的道路系统； ②确定道路的应灾功能和应灾等级，构建层级明确的道路系统； ③对道路进行立体分层并增大路网密度，构建组织高效的道路系统； ④下沉非机动车道，补充扩口型直坡通道，组织衔接道路交叉节点，构建竖向合理的道路系统； ⑤创造以人为本的街道，丰富城市慢行空间； ⑥构建联系性强、功能多样、可达性高的立体慢行空间
			绿色开放空间	①遵循城市防灾分区布局，创建体系化、功能化的绿色开放空间； ②创建网格化、立体化的绿色开放空间格局； ③进行韧性化、精细化的绿色开放空间设计
产业更新与生态景观	填海造地区域	平面组织	边界形状	①城市功能综合类的填海造地区域应选择几何化和简单化的边界形状； ②旅游度假类的填海造地区域则应选择自由的有机形的边界形状
			岸线形式	①优先采用曲线型和自由型岸线形态； ②对于局部港口地区，采用垂直折线型岸线形态
			平面组合范式	优先选用多区块组合或整体建设中的内湾式的平面组合范式
		竖向设计	防护护岸	①直立式护岸适用于港口岸线和临港工业岸线，以及滨海空间狭小的区域； ②斜坡式护岸适用于滨海商业休闲空间和滨海观赏休闲空间的绝大部分岸线； ③多层台阶式护岸适用于滨海商业休闲空间和滨海观赏休闲空间
		空间规划	岸线规划	针对海岸带功能，采取不同方式的退缩线设计
			空间容量与指标	①建筑间距满足日照、防火及观景、海陆风渗透的要求； ②参考滨水区管理规定合理控制建筑面宽的绝对值和间口率
			建筑空间	较平直的海岸线区域使用网格式的布局形态，对于湾道型的海岸线区域使用集中式的布局形态
			道路交通系统	①构建完善、协调的道路系统； ②构建多类型的慢行交通系统； ③加强配置合理的静态交通和公共交通系统
			绿色开放空间	①保护自然基底，加强岸线渗透，构建具有滨海特色的景观生态格局； ②重视公共空间土地利用规划

资料来源：作者自绘。

7.2 多资源环境约束下的滨海空间形态设计方法

7.2.1 基于多资源环境约束的平面组织方法

7.2.1.1 填海造地区域与陆域的相对位置

填海造地区域与陆域的相对位置确定同时受到海洋生态、综合防灾、景观生态等多重要素的约束影响。在海洋生态的约束下，为降低对海洋水动力环境的影响，并减轻边界形状和局部淤积改变程度，填海造地区域应优先选用离岸人工岛的设计，并尽量增大岛岸之间的间距。而基于综合防灾的考虑，截弯取直式和突堤式填海造地空间相较于相连式填海造地空间和离岸式人工岛而言，与内陆交通联系更强，基础设施配套也更为容易，从而更利于防灾避灾。同时，从景观生态的角度而言，离岸式人工岛具有更长的滨海岸线，自然景观条件更佳，也更利于创造突出的城市风貌环境，增强人文环境的丰富度。因此，基于多资源要素的限制，相离的相对位置是填海造地区域的最优先选择，其次为相连式，再者为截弯取直式，应尽量避免突堤式的使用。

7.2.1.2 填海造地区域的边界形状

填海造地区域的边界形状也受到多资源环境要素的影响。基于海洋生态适应力的角度，填海造地区域应避免尖锐突出或构成复杂的半封闭区域的边界形状，各方案的优劣依次为矩形、三角形、圆形、锯齿形、有机形、新月形。基于综合防灾的角度，矩形、三角形、圆形等规整的几何形态较新月形、锯齿形和有机形的复杂几何形态，更利于组织交通和配套基础设施，从而具备防治海洋灾害的优势。从产业更新与生态景观塑造方面的影响来看，城市功能综合类的填海造地区域应选择六边形、八边形、矩形等规整、利于布局的几何形态，而旅游度假类的填海造地区域则应选择景观效果最为突出的有机形边界形态。因此，综合来看，对于城市功能较少且人口规模不大的填海造地区域，应优先选择有机形的边界形态，对城市功能较为集中的区域应优先选用矩形和多边形的边界形状。

7.2.1.3 填海造地区域的岸线形式

填海造地区域的岸线形式受到海洋生态、产业功能及景观生态的多重限制。就海洋生态环境的考虑，自然型的岸线在海洋生态作用下边界形状改变和局部冲淤改变程度最小，对海洋水动力环境影响也最少，弧线型的岸线表现次之，直线型岸线表现最差。基于产业功能和生态景观塑造的角度，也应优先选用自然型和弧线型岸线形态，以保障较长的岸线长度，创造丰富的近海公共空间，营造突出的景观效果。但对于特定的港口区域，为满足交通运输的需要，应选择垂直折线型岸线形态，但尽量不要使用单调的直线型岸线形态。因此自然型岸线是多资源环境约束下的最优先选择，应加强自然岸线的保护，对于人工填筑的岸线应采取曲线型的岸线形式，但特定的功能区也可采取垂直折线型和直线型岸线形态。

7.2.1.4 填海造地区域的平面组合范式

海洋生态、综合防灾、景观生态均会对填海造地区域的平面组合范式造成影响。多区块组合方式是海洋生态约束下的优先选择，其中串联式范式表现最优，同时减小岛岛间距可以增大岛间流速，降低泥沙淤积程度，并提高水体交换能力。而在海洋灾害的影响下，应优先选用整体型的平面组合方式，但对于中小型填海造地空间也可选用多区块组合型的平面组合方式，同时在水道设计时应优先采用网格式和混合式水道布局，并合理确定水道宽度，以满足疏散救援的需求。在产业更新与生态景观的塑造下，应优先采用多区块的组合方式，以便于出让土地并提升景观环境。综合而言，多区块组合方式是多资源要素约束下的最优先选择。但对于人口规模较大的填海造地区域，应基于安全需求选择整体型的形式，并构建水道和内湾以降低对海洋生态的影响，同时满足产业功能和景观生态的需求。

7.2.2 基于多资源环境约束的竖向设计方法

滨海空间的竖向设计主要受到海洋灾害的约束，也需协调考虑景观要素及使用需求。具体而言，其设计要素包括道路交通系统、防护护岸边界及城市排水系统。

7.2.2.1 填海造地区域的防护护岸

护岸作为临海截面边界，具有保护人工岛免受海浪、海潮侵袭的作用，其剖面设计，既需满足灾时承灾要求，又需满足平时人们亲水性的基本需要和景观要求。综合而言，应把握两项重要内容：一是明确护岸的边界感，设置截断型边界或适当采用分隔化、立体化手段设计过渡型界面，避免灾时误导，造成人员伤亡和经济损失；二是丰富护岸功能，增强其亲水性，使其在平时能够作为重要的娱乐、休闲空间，为城市居民服务。

7.2.2.2 滨海空间（海岸带）的排水系统

滨海空间亟须进行良好的排水竖向设计，以积极引导灾时汇水和灾后排水。在汇水引导方面，需着重关注截断型界面的缓冲和拦截设计，设置消力池或溢流井，并进行导流路径指引，防止汇水冲击；在排水引导方面，需在承灾空间最低位设置抽水口，并优先采用将抽水口分布于场地周边的方式，以保证平时状态的场地使用和灾时的积水疏导。

7.2.2.3 滨海空间（海岸带）的道路系统

道路系统是重要的承灾、疏灾空间和疏散救援空间，其一方面可辅助城市排水，承接并疏导风暴潮带来的大量水流；另一方面也作为基本的疏散救援通道，保障人群的安全疏散。在海洋灾害的约束下，其竖向设计的内容主要包括道路截面竖向设计和道路交叉口竖向设计。

（1）道路截面竖向设计

调整道路横纵断面形态，可以弥补城市排水系统的缺陷，在进行横截面设计时，可采用局部下沉的手法，使道路能够更大限度地对水流进行承接和疏导。在具体方式上，应优先采用下沉两侧非机动道路的方法，使慢行交通空间在灾时作为排洪空间，在疏灾的同时降低对整体交通的使用影响。对于纵向截面设计，需适当提升纵坡坡度，并在特定区域对相关规范限制进行适当突破，设置直坡通道，以提高灾时排洪效率。在直坡通道形式的选择上，应优先选择扩口型直坡通道。

（2）道路交叉口竖向设计

道路交叉口是疏灾通道交叉的区域，也是常见的积水区域，其竖向设计对道路疏灾具有重要意义。在交叉口设计时，必须设置沟通管渠，无论管渠的具体形式如何，其竖向设计需把握几个基本方法：一是保证其底部标高不低于下沉道路底部标高；二是保证其横截面宽度不小于下沉道路宽度。由此，可确保节点处的流量上限高于来水渠道的饱和流量，从而避免节点积水，高效引流，提升道路的疏灾能力。

7.2.2.4 滨海空间（海岸带）的建成环境

滨海空间的建成环境竖向设计需综合考虑海洋灾害及生态景观的制约，其具体设计方法如下。

（1）建设竖向屋顶平台

对于小型公共建筑或层数较低的建筑，应在竖向空间上适当设置屋顶平台；对于体量较大的建筑或高层建筑，应在建筑的二至三层高度设置适当的悬挑，以在灾时为人员提供视野开阔、识别度高的求生窗口，在平时作为重要的景观休闲空间。

（2）分级构建联络空间竖向联系

对于联络空间需要考虑同高度的空间之间的竖向联系，根据相对高差和相对距离设置多个通道，根据周围环境和空间进行分级，为周边不具有避险功能的空间或建筑提供服务。与主要交通相联系的一级通道应当以平直道桥为主，在靠近道路一侧设置垂直电梯和楼梯与地面联系。与其他建筑相连接的二级通道可以使用坡道和台阶相结合的形式设置，兼顾考虑无障碍通行需求，辅助必要的电梯和助力系统。

7.2.3 基于多资源环境约束的空间规划方法

7.2.3.1 滨海空间（海岸带）的岸线规划

滨海空间的岸线规划受到综合防灾、生态景观的制约。在设计时，应注意两大要点：一是加强生态刚性管控，分级分类划定退缩线，加强生态岸线设计，并对硬质岸线进行生态化再设计，以提升岸线的景观效果，保护滨海自然生态环境，并为灾害预留缓冲空间；二是采取抬升式的岸线设计，对关键的地理位置，如重要出入口、港口码头等交通基础设施进行高架系统设置，以创造滨海开放空间，并抵御海洋灾害。

7.2.3.2 滨海空间（海岸带）的空间容量与指标

滨海空间的容量和指标同时受到综合防灾、产业更新与生态景观的约束，其具体设计要素包括建筑高度、建筑间距、建筑面宽等方面内容。在建筑高度设计方面，需把握两项重要内容：一是在区域整体上确立梯形建筑高度控制，并设置高度分区，形成“前低后高”的滨水建筑空间效果，并构建高低错落的天际线；二是在每个分区内部建设高度相对均匀的高层建筑群，以搭建高层避灾空间，同时对建筑高度相差较大地区进行缓冲设计，以减弱低层建筑下行风的影响。在建筑间距设计方面，应适应产业更新的基本需要，满足日照、防火的基本规范要求，并基于城市景观设计的基本方法，满足观景、海陆风渗透、空间及天际线连续性等要求。

7.2.3.3 滨海空间（海岸带）的建筑空间布局

滨海空间的建筑布局设计需考虑综合防灾、产业更新与生态景观塑造等多方面内容，其重点应把握两项基本内容：一是在整体布局方面，确立差异化、高渗透的建筑布局形式，在湾道型的海岸线区域及滨海中心区域使用集中式的建筑布局形态，设置视觉焦点；二是在组团布局方面，采取并置、错位的建筑排布方式以及院落式、行列式的布局组合，以减缓风暴潮的冲击。

7.2.3.4 滨海空间（海岸带）的道路交通布局

滨海空间的道路交通布局需系统考虑综合防灾、产业更新与生态景观塑造等多方面内容，其设计需把握以下几项内容。一是加强体系建设，构建联络便捷、组织协调、系统完善、立体分层的道路系统，适当增大路网密度，区分道路层次，结合城市功能和疏散救援等级，合理确定道路的功能与级别分类，并在中心区域和交通易拥堵的区域建立多层平面的立体式交通，以满足平时的交通需要和灾时的疏散需求。二是构建合理的道路网布局，优先选用复合式和网格式的路网结构，以加强滨海空间与城市内陆的交通联系性，满足经济社会发展需要，并提高灾时疏散能力。三是创造以人为本、类型丰富、立体缝合的慢行空间，加强街道设计，推动慢行交通向立体化方向发展，以恢复街道城市空间，加强公共交往，并满足灾时避难及疏散的需要。四是加强静态交通和公共交通系统的建设。

7.2.3.5 滨海空间（海岸带）的绿色开放空间布局

开放空间的布局设计同样受到多种资源要素的制约，需考虑综合防灾、产业更新与生态景观塑造的相关内容。在设计过程中，应重点掌握两项内容。一是在开放空间格局布置方面，需在滨海岸线开放空间的基础上，创建点、线、面空间相结合，体系化、网格化、立体化的开放系统格局，以满足产业更新的需要、城市景观的需求以及疏散救援的要求。二是在开放空间具体设计方面，打造亲水化、功能化、韧性化的开放空间，增强滨水岸线的亲水性，鼓励亲水景观向内陆区域渗透；结合开放空间设置商业、娱乐等城市功能和避灾设备，以满足平时和灾时的多方需要；运用海绵城市相关手法，加强开放空间的韧性设计，以减小灾害对城市公共空间的影响。

7.2.4 总结

综上所述，多资源环境约束下的滨海空间形态设计方法见表 7-2。

表 7-2　多资源环境约束下的滨海空间形态设计方法总结

设计内容	地域	具体内容	主要制约要素	设计方法
平面组织	填海造地区域	与陆域的相对位置	海洋生态、综合防灾、产业更新与生态景观	离岸式是最优先选择，其次为相连式，再者为截弯取直式，尽量避免突堤式的使用
		边界形状	海洋生态、产业更新与生态景观	①对于城市功能较少且人口规模不大的填海造地区域，优先选择有机形的边界形态；②对于城市功能较为集中的区域，优先选用矩形和多边形的边界形状
		岸线形式	海洋生态、产业更新与生态景观	①优先选用自然型及曲线型岸线；②港口等特定的功能区可选择垂直折线型岸线形态
		平面组合范式	海洋生态、综合防灾、产业更新与生态景观	①优先选用多区块组合方式；②对于人口规模较大的填海造地区域，可选择整体型中的水道式或内湾式
竖向设计	填海造地区域	防护护岸	综合防灾、产业更新与生态景观	①明确护岸的边界感，设置截断型边界，或采用分隔化、立体化手段设计过渡型界面；②丰富护岸功能，增强其亲水性
	海岸带地区	排水系统	综合防灾	①关注截断型界面的缓冲和拦截设计,设置消力池或溢流井;②在承灾空间最低位设置抽水口，并采用周边式的抽水口布局方式
		道路系统	综合防灾	①采用下沉两侧非机动道路的横截面设计，适当提升纵坡坡度，局部设置直坡通道；②交叉口必须设置沟通管渠
		建成环境	综合防灾、产业更新与生态景观	①建设竖向屋顶平台，创建多层退台的建筑竖向空间；②分级构建联络空间竖向联系，保障通道的无障碍设施配置
空间规划	海岸带地区	岸线规划	综合防灾、产业更新与生态景观	①加强生态刚性管控，分级分类划定退缩线，加强生态岸线设计，并对硬质岸线进行生态化再设计；②采取抬升式的岸线设计，对关键的地理位置，如重要出入口、港口码头等交通基础设施进行高架系统设置
		空间容量与指标	综合防灾、产业更新与生态景观	①在区域整体上确立梯形建筑高度控制，设置高度分区；②在每个分区内部建设高度相对均匀的高层建筑群，并对建筑高度相差较大地区进行阶梯式高度控制和缓冲设计；③建筑间距满足日照、防火的基本规范要求；④参考滨水区管理规定合理控制建筑面宽的绝对值和间口率
		建筑空间布局	综合防灾、产业更新与生态景观	①在整体布局方面，较平直的海岸线区域使用网格式的布局形态，湾道型的海岸线区域使用集中式的布局形态；②在组团布局方面，高层建筑采取并置、错位的建筑排布方式以及院落式、行列式的布局组合；③在建筑设计方面，采用透水建筑、抬升式建筑以及防水建筑的建筑设计方案

表 7-2　多资源环境约束下的滨海空间形态设计方法总结（续）

设计内容	地域	具体内容	主要制约要素	设计方法
空间规划	海岸带地区	道路交通布局	综合防灾、产业更新与生态景观	①加强体系建设，构建联络便捷、组织协调、系统完善、立体分层的道路交通系统； ②构建合理的道路网布局，优先选用复合式和网格式的路网结构； ③创造以人为本、类型丰富、立体缝合的慢行道路； ④加强静态交通和公共交通系统的建设
		绿色开放空间布局	综合防灾、产业更新与生态景观	①在空间格局布置方面，在滨海岸线开放空间的基础上，创建点、线、面空间相结合，体系化、网格化、立体化的开放系统格局； ②在具体空间设计方面，打造亲水化、功能化、韧性化的开放空间

资料来源：作者自绘。

参考文献

[1] 胡伟 . 城市滨海地区城市设计研究 [D] . 武汉：武汉大学，2005.

[2] 杨鹏飞 . 突发事件下应急交通疏散研究 [D] . 长沙：湖南大学，2013.

[3] 王建国 . 城市设计 [M] . 南京：东南大学出版社，1999.

[4] 陈述彭 . 城市化与城市地理信息系统 [M] . 北京：科学出版社，1999.

[5] 李钊 . 滨海城市岸线利用规划方法初探 [J] . 安徽建筑，2001（2）：41-42.

[6] 张谦益 . 海港城市岸线利用规划若干问题探讨 [J] . 城市规划，1998（2）：50-52.

[7] CICIN-SAIN B，KNECHT R W. Integrated Coastal and Ocean Management: Concepts and Practices [M] . Washington, D C: Island Press, 1998.

[8] 由晨璇 . 尊重自然属性的城市滨海空间规划策略研究——以大连市为例 [D] . 大连：大连理工大学，2014.

[9] 王滢 . 基于疏散行为的滨海城市避难空间规划策略研究 [D] . 天津：天津大学，2016.

[10] 谭映宇 . 海洋资源、生态和环境承载力研究及其在渤海湾的应用 [D] . 青岛：中国海洋大学，2010.

[11] 文超祥，刘圆梦，刘希 . 国外海岸带空间规划经验与借鉴 [J] . 规划师 . 2018（7）：143-148.

[12] 王东宇，刘泉，王忠杰，等 . 国际海岸带规划管制研究与山东半岛的实践 [J] . 城市规划 . 2005（12）：33-39.

[13] 姜忆湄，李加林，马仁锋，等 . 基于“多规合一”的海岸带综合管控研究 [J] . 中国土地科学 . 2018，32（2）：34-39.

[14] 王倩，我国沿海地区的“海陆统筹”问题研究 [D] . 青岛：中国海洋大学，2014.

[15] Land reclamation in Singapore [EB/OL] . http: //thisisfetish.tripod.com/singapore.html.

[16] 陈孟东 . 香港填海造地对城市发展的影响 [J] . 世界建筑，2007（12）：137-139.

[17] 香港特别行政区政府地政总署测绘处 . http: //www.landsd.gov.hk/mapping/tc/download/maps.htm.

[18] 新加坡统计局 . 新加坡统计年鉴 1960—2010.

[19] 董哲仁 . 荷兰围垦区生态重建的启示 [J] . 中国水利，2003（21）：45-47.

[20] 罗章仁 . 香港填海造地及其影响分析 [J] . 地理学报，1997（3）：220-227.

[21] 香港填海造地 [J/OL] . 地理教学，1997（4）：48. http: //www.cqvip.com/QK/96717X/199704/12441963.html.

[22] 窦凯丽 . 城市防灾应急避难场所规划支持方法研究 [D] . 武汉：武汉大学，2014.

[23] 兰香 . 围填海可持续开发利用的路径探讨——以环渤海地区为例 [D] . 青岛：中国海洋大学，

2009.

[24] 张恒会 . 辩证认识填海造陆 [J] . 中学地理教学参考，2001（Z1）：47-48.

[25] 翁国华 . 浅谈如何合理高效的开展围海造地工程 [J] . 水利技术监督，2009（2）：65-67.

[26] 郭隽，关瑞明. 建筑设计中的边界柔化 [J] . 华中建筑，2009（2）：354.

[27] 承灾体 [EB/OL] . 百度百科，2014-05-09 [2019-07-16] . https: //baike.baidu.com/item/%E6%89%BF%E7%81%BE%E4%BD%93.

[28] 李德华 . 城市规划原理 [M] .3 版 . 北京：中国建筑工业出版社，2006.

[29] 刘易斯 • 芒福德 . 城市发展史 [M] . 北京：中国建筑工业出版社，2005.

[30] 马军 . 大连围填海造地工程对周边海洋环境影响研究 [D] . 大连：大连海事大学，2009.

[31] 李军，黄俊 . 炎热地区风环境与城市设计对策——以武汉市为例 [J]. 室内设计, 2012 (6) : 54-59.

[32] 曾穗平 . 基于“源—流—汇”理论的城市风环境优化与 CFD 分析方法 [D] . 天津：天津大学，2016.

[33] 余柏椿 . 非常城市设计——思想 • 系统 • 细节 [M] . 北京：中国建筑工业出版社，2008.

[34] 陈书全 . 关于加强我国围填海造地工程环境管理的思考 [J] . 海洋开发与管理，2009（9）：22-26.

[35] 裘江海 . 我国滩涂资源可持续利用对策研究 [J] . 水利发展研究，2005（6）：33-36.

[36] 潘建纲 . 国内外围填海造地的态势及对海南的启示 [J] . 新东方，2008（10）：32-36.

[37] BASCH C H, ETHAN D, ZYBERT P, et al. Pedestrian behavior at five dangerous and busy Manhattan intersections [J] . Journal of Community Health, 2015(40): 789-792.

[38] 全国科学技术名词审定委员会 . 地理学名词 [M] .2 版 . 北京：科学出版社，2007.

[39] 刘挺，肖鹤，凌育洪 . 关于人工岛设计中的研究方法探讨 [J] . 华中建筑，2010（6）：69-71.

[40] 宋海良 . 现代集装箱港区规划设计与研究 [M] . 北京：人民交通出版社，2006.

[41] 胡殿才 . 人工岛岸滩稳定性研究 [D] . 杭州：浙江大学，2009.

[42] 姜洋，王志高 . “窄马路、密路网、开放街区”：怎么看，怎么做？ [EB/OL] . 宇恒可持续交通研究中心，2016. http: //www.chinastc.org/cn/news/23/548.

[43] 谢世楞 . 关于人工岛设计中的几个问题 [J] . 港口工程，1988（5）：7-11.

[44] 梁智权 . 流体力学 [M] . 重庆：重庆大学出版社，2002.

[45] 王新风 . 耦合水体循环系统的围填海区域规划研究 [M] . 天津大学学报，2009（5）：415-419.

[46] LIU Z J, et al. Hydrodynamic modeling of St. Louis Bay estuary and watershed using EFDC and HSPF[J]. Special Issue. Journal of Coastal Research, 2008(52): 107-116.

[47] ZHANG C, GAO X P, WANG L Y, et al. Analysis of agricultural pollution by flood flow impact on water quality in a reservoir using a three-dimensional water quality modeling [J] . Journal of Hydroinformatics, 2013, 15(4): 1061-1072.

[48] GAO X P, XU L P, ZHANG C. Modelling the effect of water diversion projects on renewal capacity in an urban artificial lake in China [J] . Journal of Hydroinformatics, 2015, 17(6): 990-1002.

［49］ LIU X H., HUANG W R. Modeling sediment resuspension and transport induced by storm wind in Apalachicola Bay, USA［J］. Environmental Modelling & Software, 2009, 24(11): 1302-1313.

［50］陈媛媛 . 景观型泻湖水体交换特性及污染物输运扩散规律［D］. 天津：天津大学，2013.

［51］陈媛媛 . 昌黎七里海泻湖生态环境治理水动力学数值模拟研究［D］. 天津：天津大学，2010.

［52］ Gao Xueping, Chen Yuanyuan, Zhang Chen. Water renewal timescales in an ecological reconstructed lagoon in China［J］. Journal of Hydroinformatics. 2013, 15(3): 991-1001.

［53］王肇慧 . 自然灾害链式阶段演化特性研究［D］. 重庆：重庆交通大学，2006.

［54］汪定伟，张国祥 . 突发性灾害救援中心选址优化的模型与算法［J］. 东北大学学报：自然科学版，2005，26（10）：953-956.

［55］Department for Transport, Communities and Local Government, Welsh Assembly Goverment. Manual for streets［M］. Thomas Telford Limited, 2007.

［56］董俊 . 19 世纪中期芝加哥供排水系统的建设与城市发展［D］. 福州：福建师范大学，2014.

［57］STOSS. Coastal resilience solutions for East Boston and Charlestown, the USA［J］. Landscape Architecture Frontiers, 2018, 6(4): 76-85.

［58］DE GRAAF R E. Flood-proof ecocities: Technology, design and governance［M］// Resilience and Urban Risk Management. CRC Press, 2012.

［59］2013 J T S. 海港总体设计规范［S］. 2013，41-44.

［60］日本道路防灾情报 . http: //www.ktr.mlit.go.jp/honkyoku/road/doro_bosaijoho_webmap/main/map.html.

［61］靳瑞峰 . 沿海化工园区工业防灾规划技术方法探析［D］. 天津：天津大学，2013.